Petra Führmann · Nicole Hoefs · Iris Franzke

Kleine Hunde – Große Freunde

KOSMOS

Zu diesem Buch

Sind Kleinhunde besondere Hunde?

Es gibt wohl unter unseren Haushunden kaum eine Gruppe, bei denen wir auf eine solche Vielfalt treffen wie bei den sogenannten Kleinhunden: Wir finden unter diesen Vertretern kurzbeinige Tiere mit langem Rücken ebenso wie vergleichsweise hochbeinige, des Weiteren langfellige, kurzfellige, sogar nackte. Man begegnet sehr sportlichen und robusten kleinen Hunden, aber leider auch solchen, deren extrem ausgeprägte Körpermerkmale so etwas wie sportliche Betätigung unmöglich machen. Unter den Kleinhundrassen finden sich – was leider viel zu wenig bekannt ist – auch solche, die nach Betätigung und Arbeit verlangen und durch ein überwiegendes Dasein auf dem Sofa und an der Leine neurotisch werden. Dass zum Beispiel Hütehunde einen enormen Arbeitseifer mitbringen, der kompensiert werden muss, ist mittlerweile allgemein bekannt; dass sich aber auch unter Kleinhunden Rassen finden, die vor noch gar nicht so langer Zeit ebenfalls eine ausschließliche Existenz als Arbeitshunde führten, wissen wenige. Dies sind Rassen, die – anders als heute – allein für die Jagd oder das Hüten gezüchtet und gehalten wurden und sich daher durch große Hartnäckigkeit, Willensstärke und Temperament auszeichneten. Diese Merkmale können ihr Wesen auch heute noch dominieren, was häufig besondere Anstrengungen des Menschen in Sachen Erziehung erfordert, und das, obwohl diese ehemaligen Arbeitstiere längst ein ausschließliches Leben als Gesellschaftshunde führen.

Trotz dieser breiten Palette gibt es eine Vielzahl an Besonderheiten, die das Zusammenleben mit Kleinhunden insgesamt prägen und unterscheiden. Doch diese Besonderheiten haben ihren Ursprung

Kleinhunde: Für jeden etwas Passendes dabei!

nicht nur beim Kleinhund selbst mit seinen vielen spezifischen Eigenschaften, sondern auch beim Menschen mit seinen Bedürfnissen und Wünschen. Ziel unseres Buches ist es, diese beiden Punkte aufzugreifen und Haltern von kleinen Hunden ein ihnen gemäßes Handbuch zur Verfügung zu stellen.

Gemeinhin spricht man bis zu einer Schulterhöhe von etwa 40 Zentimetern vom Kleinhund. Wir möchten uns hier weder exakten Zentimetervorgaben und schon gar nicht so schwammigen Bezeichnungen wie Schoßhunde o. Ä. beugen, zumal es auch unter größenmäßigen „Übergangsrassen" wie dem beliebten Beagle, dem Kromfohrländer usw. zierliche Vertreter gibt, die durchaus als Kleinhunde bezeichnet werden können. Wie dem auch sei, jeder, der einen kleinen Hund – egal welcher Provenienz – besitzt oder sich einen solchen wünscht, soll in diesem Buch angesprochen sein und davon profitieren können.

Beagle und Welsh Terrier – zwei temperamentvolle Rassen.

Ein „Kleiner"
soll es sein!

Welcher Kleinhund passt zu mir?

Wünscht man sich einen Kleinhund, so sollte man bei der Auswahl keinesfalls nur das äußere Erscheinungsbild entscheiden lassen. In den bei uns verbreiteten Kleinhundrassen steckt nämlich wesentlich mehr Potenzial als man auf den ersten Blick meinen möchte, denn sie bringen aufgrund ihrer jeweiligen Rassehistorie eine Vielzahl an Eigenschaften mit, auf die man sich einstellen muss und die zur eigenen Person sowie Lebenssituation passen sollten. Man sollte zunächst unbedingt wissen, dass viele Kleinhundrassen ursprünglich ausschließlich als Arbeitshunde gehalten und auf die dazu notwendigen Merkmale selektiert wurden. Dabei haben die meisten den Sprung zum ausschließlichen Begleithund, der keine (oder nur noch sehr wenige) seiner früheren Merkmale mehr besitzt, noch nicht vollzogen. Bei den Terrierrassen, die in der Regel zur Jagd eingesetzt wurden oder zum Teil auch noch werden, bildet hier lediglich der Yorkie eine Ausnahme, da er sich von einem ehemaligen Gebrauchshund am weitesten entfernt hat. Und obwohl der Dackel eine der beliebtesten Hunderassen ist, muss man auch bei ihm mit den typischen Eigenschaften eines „Jagd-Arbeitshundes" rechnen, wie ausgeprägtem Selbstbewusstsein, Hartnäckigkeit und häufig auch einer hohen Bereitschaft, das eigene Territorium zu verteidigen. Diese Hunde benötigen, damit ein angenehmes Zusammenleben gewährleistet ist, dringend konsequente Regeln im Alltag.

Der Chihuahua: Ein Hund, der sich bei guter Sozialisierung hervorragend an die unterschiedlichsten Lebenssituationen anpassen kann.

Neigt man erzieherisch eher zur Großzügigkeit, so ist man mit einer anderen Kleinhundrasse wie zum Beispiel dem Mops, dem Pudel oder dem Malteser sicherlich besser bedient. Viele Kleinhunde besitzen geradezu Wachhundeigenschaften und einen hohen Belleifer, was ebenfalls oft mit ihrer Ursprungsaufgabe in Zusammenhang steht. Dies gilt insbesondere für die Zwergpinscher und -schnauzer sowie die kleinen Spitzrassen und für die meisten Terrier ein weiteres Mal sowieso. Darauf sollte man vor allem im Hinblick

auf die eigene Wohnsituation eingestellt sein, denn nicht immer zeigen Nachbarn dafür Verständnis. Befinden Sie sich also noch auf der Suche nach dem richtigen Kleinhund, empfiehlt sich die sorgfältige Lektüre von Rassebeschreibungen, die auf die Geschichte, die ursprüngliche Verwendung sowie die Eigenschaften der Tiere ausführlich eingehen. Hier sollte man ein besonderes Augenmerk auf solche Merkmale legen, die als „ausgeprägt" bezeichnet werden, denn mit diesen Eigenschaften wird man mit sehr hoher Wahrscheinlichkeit zurechtkommen müssen. Übrigens gibt es unter den Kleinhunden auch solche wie den Deutschen Jagdterrier (Spezialgebiet Wildschweinjagd!), die sich aufgrund ihres rassespezifischen Wesens überhaupt nicht zum reinen Familienhund eignen.

Wo man einen Kleinhund bekommt

Wissenswertes zur Auswahl

Möchte man einen Kleinhundwelpen oder -junghund zu sich nehmen, so sollte bei der Auswahl keinesfalls weniger Sorgfalt aufgewendet werden als bei einem Welpen einer großen Rasse. Im Gegenteil, die Ansprüche an Gesundheit und Verhalten der Tiere müssen hoch sein. Leider gibt es mittlerweile einige Züchter, die auf extreme Kleinwüchsigkeit züchten. Wirft man einen Blick ins Internet oder in die gängige Tagespresse, so liest man immer häufiger von sogenannten Tea-Cup-Hunden, bei denen damit geworben wird, dass sie auch in ausgewachsenem Zustand unter einem Kilo Körpergewicht bleiben. Leider muss dies als tierschutzrelevant betrachtet werden, da die Züchtung auf extreme Kleinheit schwere gesundheitliche

Eine fürsorgliche und ausgeglichene Mutter.

Schäden und eine in der Regel niedrigere Lebenserwartung nach sich zieht. Generell sollte man auf den Erwerb eines Kleinhundes mit extremen Körpermerkmalen verzichten. Wünscht man sich einen Rassehund, so sollte der Züchter einem anerkannten Dachverband angehören, z. B. dem VDH (Verband für das deutsche Hundewesens, die bundesweit größte Interessengemeinschaft aller Hundehalter). Hier wird man auf Anfrage Rechenschaft darüber ablegen können, was im Fall der betreuten Rasse dafür getan wird, auf körperliche Robustheit zu züchten und die Ausprägung extremer Körpermerkmale, die zu gesundheitlichen Schäden führen können, zu vermeiden. Auf diese, gerade bei Kleinhunden, so wichtigen Dinge sollte man den anvisierten Züchter unbedingt ansprechen. Der Kleinhundwelpe muss bereits beim Züchter eine ordentlich ange-

Das beste Starterpacket für den Kleinhundwelpen: Engagierte Sozialisation bereits beim Züchter.

bahnte Sozialisation (siehe S. 17 „Was ist Sozialisierung?") erfahren haben und ganz gezielt mit verschiedenen Umweltreizen vertraut gemacht worden sein. Kleinhunde kommen in viel höherem Maße als ihre größeren Artgenossen in den Genuss, ihre Menschen überallhin begleiten zu dürfen. Hat der Züchter nun in puncto Umweltsicherheit schon erste Schritte unternommen, so wird der zukünftige Besitzer es bei der fortzusetzenden Umweltsozialisation wesentlich leichter haben. Die hohe Sensibilität von Kleinhunden einerseits und die vielen zu bewältigenden Umwelteindrücke andererseits, denen gegenüber der Hund Gelassenheit erlernen muss, machen gezielte Sozialisierungsmaßnahmen beim Züchter geradezu zur Pflicht. Das gilt umso mehr, als viele Züchter von Kleinhunden ihre Welpen erst mit zwölf Wochen abgeben, womit bereits ein großer Teil dieser so wichtigen Phase verstrichen ist.

Folgende Minimalanforderungen sollten in puncto Sozialisation bei jedem Kleinhundzüchter erfüllt sein:

▶ Eine ausgeglichene, keinesfalls zu nervöse oder ängstliche Mutterhündin (Gefahr der Übertragung nervösen Verhaltens auf die Welpen!).

▶ Die ständige (und nicht nur stundenweise) Anwesenheit einer Bezugsperson für die Welpen und die Mutterhündin.

▶ Die integrierte Unterbringung der Hunde in Haus oder Wohnung.

▶ Täglicher mehrfacher Zugang zum Garten gemeinsam mit dem Menschen, sobald die Welpen körperlich dazu in der Lage sind.

▶ Eine intensive tägliche Beschäftigung mit allen Welpen: Spiel, Kontaktliegen usw.

▶ Anbahnung einer Gewöhnung an Körperpflegemaßnahmen schon in den ersten Wochen.

▶ Ein hohes Angebot an optischen und akustischen Reizen für die Hunde draußen und drinnen, die täglich gemeinsam mit dem Menschen genutzt und kennengelernt werden können.

▶ Ab einem gewissen Alter regelmäßige Besuche von fremden Menschen, möglichst auch von Kindern.

▶ Anbahnung der Stubenreinheit durch häufiges Verbringen nach draußen und durch Einrichtung einer gesonderten „Pipi-Ecke".

▶ Möglichst schon erste positiv besetzte Autofahrten mit kleinen Erkundungsspaziergängen am Ende.

Ein guter Züchter sollte immer auch ausführlich über Rassehistorie und die zu erwartenden Eigenschaften seiner Rasse aufklären und Interessenten diesbezüglich beraten können.

Selbstverständlich kann man auch die Übernahme eines Kleinhundwelpen aus Privathand erwägen.

Hierbei sollte man jedoch unbedingt darauf achten, dass die genannten

Ein Züchter, der sich beständig und nicht nur stundenweise um seine Welpen kümmert, handelt auch im Sinne des Tierschutzes verantwortungsbewusst.

Hat der Welpe beim Züchter ausreichend Gelegenheit, sich auf Grünflächen zu lösen, ist der Weg zum stubenreinen Hund einfach.

Kümmern sich alle Mitglieder der Züchterfamilie intensiv um die Welpen, kommt dies dem Tier und dem späteren Besitzer in hohem Maße zugute.

Info
Was ist Sozialisierung?

Als Sozialisierungsphase bezeichnet man eine vorübergehende Entwicklungs-phase im Leben eines jungen Hundes. Diese Phase dauert grob gesprochen etwa von der 4. bis zur 12. bzw. 16. Lebenswoche, wobei es nach dem derzeitigen Stand der Dinge große rassespezifische Unterschiede bei der Verhaltensentwicklung in dieser Zeit zu geben scheint. Soziale Verhaltensweisen werden nun zunehmend auf die Mutterhündin, die Wurfgeschwister sowie den Menschen und seine ganze Umwelt gerichtet. Können diese sozialen Interaktionen aus welchen Gründen auch immer nicht oder nur eingeschränkt stattfinden, entwickeln Hunde typische Symptome des sozialen Erfahrungsentzugs wie Apathie, Hyperaktivität, Unsicherheit und Angst, die in bedrängenden Situationen zu Attacken gegen Mensch oder Tier führen können. Daher ist es unbedingt erforderlich, dass in dieser Phase ausreichend positive Erfahrungen mit Menschen gemacht werden können.

Sozialisationsmaßnahmen ebenfalls vorgenommen werden. Da man die Herkunft des Vaters, anders als bei einem VDH-anerkannten Züchter, in der Regel nicht wird nachprüfen können, sollte man kein Problem damit haben, wenn sich der vermeintliche Rassehund optisch etwas anders entwickelt als erwünscht. Einen gewissen Überraschungseffekt muss man natürlich auch bei der Übernahme eines Mischlingswelpen einkalkulieren. Sollten Sie sich ausführlicher über Welpen- und Rasseauswahl sowie Züchterkriterien informieren wollen, empfehlen wir Ihnen unsere „Kosmos Welpenschule" (siehe Zum Weiterlesen: S. 168).

Bei der Suche nach einem Kleinhundwelpen ist die Gefahr, an einen Händler zu geraten, besonders groß, da die Gewinnspanne beim Verkauf kleiner Hunde enorm, die Gefahr, auf einem Welpen „sitzen zu bleiben" hingegen aufgrund der großen Nachfrage recht gering ist. Doch es gibt eine Menge Gründe, die dagegen sprechen, von einem Händler zu kaufen. Ein Händler ist in allererster Linie daran interessiert, seinen Geldbeutel zu füllen, ethische Ziele wie die Verbreitung gesunder und wesensfester Hunde als oberstes Gebot wird man hier nicht vorfinden. Eine Kontrolle darüber, wo die Hunde

Abwechslungsreich strukturierte Welpenausläufe beim Züchter fördern motorische Fähigkeiten...

eigentlich herkommen sowie über den Charakter und die Gesundheit der Elterntiere, hat man nicht, und mit wahrheitsgemäßen Informationen ist diesbezüglich auch nicht zu rechnen. Unter Umständen haben die Hunde vom Zeitpunkt der Geburt bis zur Überführung, woher auch immer, schon solch unzumutbaren Stress erlebt, dass die Entwicklung zu einem seelisch gesunden, erwachsenen Tier bereits ausgeschlossen ist. Die Reizarmut beim Händler gibt den Tieren dann in der Regel den Rest.

Egal wie hübsch die Körbchen und wie sauber die Räume dort sein mögen: Reizarmut und mangelnde Kontakte in den ersten zwölf Lebenswochen wirken sich fatal auf die Entwicklung von Hunden aus – gerade bei Kleinhunden ist dann die Gefahr, dass sie zu Angstbeißern werden und Hysterien entwickeln, besonders groß. Steckt man in diese Zeit nicht genügend Wissen, Zeit und Engagement, so handelt man also verantwortungs- und gewissenlos. Schon lange ist es in der Fachwelt unumstritten, dass nur gut sozialisierte Hunde ihre Möglichkeiten voll ausschöpfen können. In unserer langjährigen Praxis haben wir noch keinen einzigen Händlerhund kennengelernt, der in puncto Entwicklung, Lernfähigkeit, Gesundheit und/oder Wesensfestigkeit keine Defizite gehabt hätte.

...Entdeckungs- und Spielfreude sowie den Mut vor Unbekanntem.

**Wie man Hunde-
händler erkennt**

Einen Händler erkennt man häufig daran, dass er mehrere Rassen gleichzeitig in der Tagespresse oder dem Internet anbietet. Selten bezeichnen sich diese Leute heute selbst noch als Händler. Beliebt sind Euphemismen wie Zwischenzüchter, Vermittler o. Ä. Lassen Sie sich nie von klangvollen Zwingernamen und vermeintlichen Papieren täuschen, die nicht eindeutig das Siegel des VDH erkennen lassen. Doch leider muss man sich heutzutage gegen noch perfidere Täuschungsmanöver als nichtssagende oder gar gefälschte Papiere wappnen: Einige Händler sind sich nicht zu schade, die Anwesenheit einer Mutterhündin vorzutäuschen, die just zum Besuch der Interessenten von einem „lieben Nachbarskind" ausgeführt wird und daher nicht zu besichtigen ist. Uns sind sogar Fälle bekannt, in denen Händler sich eine erwachsene Hündin „besorgt" haben, um dieser beim Interessentenbesuch die Welpen unterzuschieben. Das zu erkennen, ist so schwer nicht: Immer ein Warnsignal sind Welpen, die sich für die angebliche Mama, die noch dazu kein sichtbar ausgeprägtes Gesäuge hat, nicht interessieren. Dass eine Mutterhündin hingegen auch einmal genug von ihren Welpen hat, ist durchaus normal.

Dennoch kann ein Welpenauslauf den engen Kontakt zum Menschen nur ergänzen und nicht ersetzen.

Bitten Sie immer darum, den Garten anschauen zu dürfen, auch wenn die Welpen bei Ihrem Besuch innerhalb des Hauses untergebracht sind. Vor einigen Jahren waren wir auf der Suche nach einem Haus, das wir kaufen wollten. Dabei besichtigten wir einen Bungalow mit großem und verwinkeltem Garten, der vom Inneren des Hauses nicht eingesehen werden konnte und an dessen Rand sich eine Zwingeranlage befand. Der Besitzer, der nicht wusste, dass wir beruflich mit Hunden zu tun haben, erläuterte uns bei der Begehung frank und frei, dass dort gewöhnlich die Yorkies säßen, die er aus dem Ausland hole, hier gewinnbringend verkaufe und nur für Interessenten-besuche ins Haus bringe, da sich Kleinhunde aus Zwingerhaltung nicht verkaufen ließen. Im Haus selbst hatte er einen kleinen gemüt-lichen Raum eingerichtet, in dem leere Körbchen standen.

Immer häufiger wird auch angeboten, den Hund persönlich vorbei-zubringen, weil man gerade „zufällig in der Nähe" oder „auf dem Weg zu einer Ausstellung" sei. Hier sollten ebenfalls die Alarm-glocken läuten, denn man ist mit Sicherheit drauf und dran, einem Händler auf den Leim zu gehen. Ein seriöser Züchter bietet nie und nimmer eine Fünf-Minuten-Übergabe an einer Autobahnraststätte an.

Wenn man einen älteren Klein-hund überneh-men möchte

Erwägt man die Übernahme eines bereits erwachsenen oder halb-wüchsigen Kleinhundes aus Privathand, so sollte man die Gründe für die Abgabe des Tieres ganz genau prüfen. Die in solchen Situa-tionen bei größeren Hunden häufig angeführten Beweggründe wie Platzmangel usw. treffen nämlich bei kleineren Hunden kaum zu, und auch eine neue Wohnung ist mit einem Kleinhund durchaus zu finden. So kann unter Umständen eine komplizierte Krankheits-geschichte die Ursache für die Abgabe sein, das heißt, das Tier wird seinen Besitzern schlichtweg zu teuer. Oder die Ansprüche des Hun-des in Sachen Erziehung wurden völlig unter-schätzt, was zu unangenehmen Folgen geführt hat, deren man sich jetzt entledigen möchte. Leider muss man in beiden Fällen damit rech-nen, dass Gründe dieser Art verschwiegen wer-den. Manchmal reicht es aus, die abgabewilli-gen Besitzer hartnäckig über Gesundheit oder Eigenarten des Tieres auszufragen, um zu bemerken, dass diese sich plötzlich unange-nehm berührt winden. In jedem Fall empfiehlt es sich, einige Male mit dem Tier spazieren zu gehen, um es besser kennenzulernen, bevor man sich dann definitiv entscheidet.

Übrigens kann man auf der Suche nach einem Tier, das kein Welpe mehr ist, gelegentlich auch beim Züchter fündig werden. Es kommt immer wieder vor, dass hier Hunde abzugeben sind, die nicht für die Zucht eingesetzt werden können. Diese müssen keinesfalls krank sein; in der Regel entsprechen sie schlicht nicht den strengen Zuchtkriterien des entsprechenden Verbandes, sind beispielsweise zu groß oder zu klein geraten, haben eine Zahnfehlstellung,

Möchte man einen älteren Kleinhund übernehmen, so muss man bei der Suche unter Umständen etwas geduldiger sein, da diese seltener abge-geben werden.

Vor allem für Familien mit Kindern ist eine genaue Ermittlung der Abgabegründe eines erwachsenen Kleinhundes wichtig.

eine unerwünschte Farbe o. Ä. Diese Dinge müssen den zukünftigen Besitzer jedoch keineswegs stören und den Hund selbst am allerwenigsten.

Beim Wunsch nach einem bereits ausgewachsenen Kleinhund sollte man sich durchaus auch bei Tierschutzorganisationen kundig machen. Hier wird man unter Umständen nur länger suchen müssen, da kleine Hunde einfach seltener in Tierheimen landen. Ebenso wie bei den größeren Rassen gibt es aber auch hier einige Rasseverbände, die Kleinhunde betreuen, sogenannte Notvermittlungsstellen, wie zum Beispiel „Chihuahua in Not". Auf eine große Anzahl zu vermittelnder Tiere wird man dort zwar in der Regel nicht stoßen, doch ein Versuch lohnt sich allemal. Gelegentlich werden auf diesem Weg auch gehandicapte Kleinhunde vermittelt, mit deren Übernahme man ein besonders gutes Werk tun kann. Egal jedoch, an welche Tierschutzorganisation man sich letztlich wendet, immer sollte es sich nachweisbar um eine Non-Profit-Organisation und einen eingetragenen Verein handeln. Der Kleinhund von einer Tierschutzorganisation sollte in jedem Fall in ein ruhiges, ihn nicht überforderndes Umfeld kommen. Eine Familie mit Kindern, bei der es lebhaft zugeht, kann hier unter Umständen völlig ungeeignet sein (siehe „Kleinhunde und Kinder" ab S. 39).

Unfallgefahren im Haus

Anders als bei der Haltung von größeren Hunden muss man bei kleinen Hunden bereits in den eigenen vier Wänden von einer wesentlich größeren Unfallgefahr ausgehen und entsprechende Maßnahmen treffen. So absurd es auf den ersten Blick anmuten mag, bereits das Springen oder Fallen vom Sofa kann gerade für jüngere, noch nicht ausgewachsene Kleinhunde eine Gefahr darstellen. Realistischerweise wird den wenigsten Kleinhunden dieser Aufenthaltsort verwehrt, und aus diesem Grund sollte man hier entsprechende Vorsicht walten lassen. Einer unserer Hunde, ein Chihuahua-Mädchen, wog bei der Übernahme mit etwa zehn Wochen gerade einmal 800 Gramm und war rasse-entsprechend sehr klein. Das Hinunterspringen vom Sofa kam in ihrem Fall ungefähr der Überwindung des Vierfachen ihrer Körperhöhe gleich, was sich selbst heute in ausgewachsenem Zustand nur unwesentlich verändert hat. Würde man dies auf einen Labrador hochrechnen, so spränge ein solcher Welpe mit etwa 25 Zentimeter Schulterhöhe aus über einem Meter auf den Boden. Es leuchtet unmittelbar ein, dass dies für die Gelenke eines kleinen Hundes auf Dauer nicht von Vorteil sein kann. Natürlich muss man hier zwischen einem drahtigen Tier und einem körperlich weniger robusten unterscheiden; dennoch sollte man darauf achten, dass kleine Hunde, egal welchen Alters, nicht zu häufig selbstständig von Sofa oder Sessel springen oder gar, eventuell bei einem kleinen gemeinsamen Nickerchen, hinunterfallen.

Gefahren erkennen und vermeiden

Hat man Treppen im Haus, so ist auch hier Vorsicht geboten. Der weniger sprunggewaltige Kleinhund sollte eher selten Treppen überwinden müssen, die seine Schulterhöhe überragen. Da der Wunsch des Hundes jedoch nicht immer mit seinen Möglichkeiten übereinstimmt, muten sich kleine Hunde hier unter Umständen, gerade wenn sie ihrem Menschen folgen möchten, zu viel zu. Ein enges Kindergitter kann hier innerhalb der Wohnung gute Dienste leisten, um zu verhindern, dass der kleine Hund zu häufig Treppen steigt. Viele Kleinhunde sind äußerst anhänglich und verfolgen ihre Besitzer buchstäblich auf Schritt und Tritt. Daher sind Türen innerhalb der eigenen vier Wände eine weitere, nicht zu unterschätzende Gefahrenquelle, sofern sie unbedacht und heftig geschlossen oder gar zugeworfen werden. Alle Familienmitglieder sollten daher unbedingt darauf achten, niemals eine Tür zu schließen, ohne hinter sich geblickt zu haben. Ganz wichtig ist diese Maßnahme übrigens auch bei Autotüren, die in der Regel noch energischer zugezogen werden. Eine sehr hilfreiche und auch lebensrettende Maßnahme kann hier das Tragen eines Halsbandes mit kleinem Glöckchen sein, da dem Menschen die Anwesenheit des Hundes so auf wesentlich deutlichere Weise ins Bewusstsein gerufen wird. Übrigens tragen viele Blindenhunde aus nachvollziehbaren Gründen ein Glöckchen, ohne sich davon gestört zu fühlen. Auch unsere eigenen Kleinhunde sind an ein solches Glöckchen von Anfang an gewöhnt worden. Da es bei uns gelegentlich auch einmal hektisch zugeht und wir außerdem mehrere große und kleine Hunde gemeinsam halten, haben die Glöckchen unsere „Kleinen" schon vor so manchem unabsichtlichen Tritt oder gar Schlimmerem bewahrt.

Transport im Auto

Die Sicherung im Auto sollte auch für den Kleinhund obligatorisch sein. Leider gibt es Geschirre, mit denen man Hunde im Auto vernünftig fixieren kann, derzeit erst ab einem Körpergewicht von etwa fünf bis sechs Kilogramm. Das mag einem kräftigen Westie, auch in jungen Jahren, durchaus schon passen. Für noch kleinere Vertreter hingegen erhält man zuverlässige Autogeschirre im Moment (noch) nicht. In jedem Fall nämlich muss ein Geschirr für das Auto TÜV-geprüft sein. Ist es das nicht, so ist leider davon auszugehen, dass es schon bei einem leichteren Auffahrunfall reißen wird und damit keinerlei Schutz für das Tier bietet. Da die Sicherung des Hundes im Auto jedoch unabhängig von seiner Größe gesetzlich vorgeschrieben ist und darüber hinaus nur ein unabgelenkter Mensch sein Auto

Immer wieder gerne unterschätzt und verkannt:...

konzentriert und sicher fahren kann, ist die Hundebox, die zusätzlich verankert werden muss, die sicherste Art, den Hund im Auto mit sich zu führen. (Der Gewöhnung an die Box haben wir aufgrund der hohen Relevanz des Themas „Verreisen mit dem Kleinhund" an späterer Stelle ein ausführliches Kapitel gewidmet.)
Wird die Box schon für den Kleinhundwelpen angeschafft, so sollte sie auf jeden Fall der Körpergröße des ausgewachsenen Hundes entsprechen: Er muss darin bequem sitzen, stehen oder liegen können, überdimensioniert aber muss die Hundebox nicht sein.

Spaziergänge mit dem Kleinhund

Wie viel Bewegung brauchen Kleinhunde?

Die Bewegungsfreude von Kleinhunden wird häufig unterschätzt. Das mag unter Umständen daran liegen, dass das im Vergleich mit dem großwüchsigen Hund geringer zu veranschlagende Bewegungsbedürfnis ein entscheidendes Auswahlkriterium vieler Hundefreunde bei der Entscheidung für einen kleinen Hund darstellt. Dabei liegt die Betonung zunächst einmal jedoch auf der Formulierung „im Vergleich". Denn auch kleine Hunde benötigen zur inneren Ausgeglichenheit regelmäßige Spaziergänge, wobei einerseits auf einen langsamen und kontinuierlichen Konditionsaufbau und ande-

...Die außerordentliche Bewegungsfreude von (schlanken!) Kleinhunden und ihre Begeisterung auch für längere Spaziergänge.

rerseits auf Alter und körperliche Besonderheiten zu achten ist. So veranschlagt man bei Welpen größerer Rassen etwa fünf Minuten pro Lebensmonat, was bei einem dreimonatigen Welpen eben einer viertel Stunde gleichkäme. Als Faustregel kann gelten, dass sich die meisten Kleinhunde schneller entwickeln und früher erwachsen werden als große Hunde, daher kann man diesem Rhythmus bereits ab dem dritten Monat problemlos jeweils einige Minuten mehr hinzufügen. Viele drahtige und körperlich gesunde Tiere sind sodann nach entsprechendem Aufbau im Erwachsenenalter mit ein bis eineinhalb Jahren gut und gerne für längere Touren zu haben und fordern diese geradezu; dazu zählen in erster Linie die meisten Terrierrassen und Dackel, sofern man bei Letzteren sorgfältig auf ihr Gewicht achtet. Doch auch mit so beliebten Rassen wie dem kleinwüchsigen Pinscher und Schnauzer, dem Klein-, Zwerg- und Toy-Pudel, dem Coton de Tuléar, dem Havaneser, dem Zwergspaniel, dem Welsh Corgi usw. sind ausgedehnte Spaziergänge kein Problem und sollten den Tieren regelmäßig gegönnt werden. Rücksicht genommen werden muss hingegen bei „Kurznasen" wie dem Pekingesen, dem Shih Tzu, so manchem Mops u.Ä. Diese haben aufgrund der verkürzten Atemwege gerade bei wärmeren Temperaturen oft Probleme und dürfen nicht überstrapaziert werden.

Häufig verwechseln Kleinhundbesitzer jedoch mangelnde Kondition mit mangelndem Bedürfnis, doch diese Gleichsetzung ist schlicht falsch. Einen unserer Kleinhunde, einen Chihuahuamix, übernahmen wir im Alter von etwa drei Jahren aus dem Tierheim. Direkt nach Übernahme war er bereits nach einem Gang von 20 Minuten völlig erledigt. Nach langsamer Steigerung jedoch – die beim erwachsenen Tier im Fünf-bis-zehn-Minuten-Rhythmus vorgenommen werden sollte – bewältigt er heute völlig problemlos und mit großer Begeisterung Spaziergänge von zwei bis drei Stunden ohne Ermüdungserscheinungen.

Begegnungen mit größeren Hunden

Der Spaziergang mit dem Kleinhund erfordert aber nicht nur spezielle Rücksichtnahme auf Kondition, Körpermerkmale und Bedürfnisse des jeweiligen Tieres. Die Rede ist hier von der Begegnung mit größeren Hunden, die kleinere gelegentlich mit einem Jagdobjekt verwechseln. Dies passiert leider öfter als angenommen und ist für alle Seiten höchst unerfreulich. Auch unsere eigenen Kleinhunde waren hin und wieder schon Opfer solcher Vorfälle, die – Gott sei Dank – bislang immer glimpflich ausgegangen sind, doch keineswegs alle großen Vierbeiner „wollten nur spielen". Der Spaziergang

mit dem Kleinhund stellt diesbezüglich durchaus eine Gratwande-
rung dar, denn auch der Kleinhund benötigt, insbesondere während
der Sozialisierungs- und der anschließenden Junghundphase, ausreichend Kontakte zu anderen, möglichst unterschiedlichen Hunden.
Doch diese Kontakte müssen in erster Linie positiv und nicht Angst
einflößend sein. Stellt man fest, dass der eigene Kleinhund überfordert wirkt und schlicht Angst vor dem stürmischen Verhalten des
Größeren hat, so sollte man den dazugehörigen Besitzer freundlich
bitten, seinen Hund kurz zurückzuhalten oder abzulenken, bis man
in Ruhe weitergegangen ist. Dafür werden so gut wie alle Besitzer
größerer Hunde Verständnis haben. Das ist sinnvoller, als den eigenen Hund auf den Arm zu nehmen, weil man ihn damit in seiner
Unsicherheit nur bestätigen würde. Es empfiehlt sich bei Begegnungen mit fremden Hunden und deren Besitzern, immer ein kurzes
freundliches Gespräch oder wenigstens einen netten Gruß anzu-
bringen und nach Möglichkeit nie hektisch oder unsicher, sondern
betont gelassen zu agieren. Da Hunde hervorragende Stimmungs-
empfänger sind, trägt eine ruhige und freundliche Atmosphäre sehr
viel zur Entspannung bei. Da es jedoch auch einmal nötig sein kann,
den Hund auf den Arm zu nehmen (hier ebenso mit größtmöglicher

Positive Kontakte
mit größeren, ver-
träglichen Hunden
wollen gepflegt
werden.

Ruhe verfahren!), ist es zur Kompensation absolut notwendig, dem Kleinhund, egal welchen Alters, regelmäßig angenehme oder doch zumindest neutrale Kontakte mit größeren Hunden zu ermöglichen. Dazu wählt man am besten Hunde, die man kennt, bzw. solche, von deren Tugenden man überzeugt ist. Nur so kann man gewährleisten, dass der Kleinhund positive Erfahrungen mit größeren Hunden als die Regel und unangenehme als die Ausnahme betrachtet. Dass manche Kleinhunde sich zu wahren Berserkern auf dem Arm oder an der Leine entwickeln, liegt nämlich eben an diesem Teufelskreis: Die negativen Erfahrungen mit großen Hunden überwiegen die positiven, der Besitzer vermeidet aus völlig verständlicher Angst heraus alle Kontakte mit größeren Hunden dadurch, dass er den Hund auf den Arm nimmt, sobald ein unbekannter großer Vierbeiner auftaucht, und der Kleinhund hat keine Möglichkeit mehr, seine negativen Erfahrungen durch positive zu ersetzen.

Vorsicht, Greifvögel!

Bei Kleinsthunden oder Kleinhundwelpen besteht auf Spaziergängen durchaus die Gefahr einer Attacke aus der Luft! Uns ist ein Fall bekannt, bei dem ein Greifvogel einen jungen Dackel tötete. Daher empfiehlt es sich dringend, das freie Feld entweder zu meiden oder darauf zu achten, dass der Hund sich nicht zu weit entfernt, damit man im Falle eines Falles schnell eingreifen kann.

Übrigens kann auch an bestimmten Gewässern Gefahr drohen: Wir haben in unseren Reihen eine passionierte und erfahrene Anglerin, die berichtet,

dass dem Wels, der bis zu zwei Meter groß werden kann, in Angler-
kreisen immer wieder das plötzliche Verschwinden schwimmender
Kleinhunde angelastet wird. Auch wenn man den schlussendlichen
Beweis dafür schwerlich wird bringen können, sollte man auf jeden
Fall entsprechende Vorsicht walten lassen.

Info
Hilfe! Mein Kleiner ist an der Leine eine wahre Furie!

Die Ursache eines solchen Verhaltens ist in der Regel eine
Mischung aus mangelhafter Sozialisierung auf Artgenossen,
negativen Erfahrungen mit anderen Hunden sowie der unge-
wollten Verstärkung des Verhaltens durch den Menschen.
Dabei ist es nicht immer nur die Unsicherheit des Menschen,
die sich auf das Tier überträgt, sobald sich etwa ein anderer,
größerer Hund nähert. Oftmals wird, zumeist zu Beginn, darüber gelacht, dass der kleine Hund an der Leine bellt, was
diesem durchaus das Gefühl geben kann, man sei mit seinem
Verhalten nicht nur einverstanden, sondern wolle es geradezu!
Durch strukturfördernde Erziehungsmaßnahmen im Alltag
(siehe ab S. 81) kann jeder Hundebesitzer eine gute Basis für
die Zurückgewinnung eines gesunden Selbstbewusstseins bei
seinem Liebling legen. Zur erfolgreichen Umlenkung des unerwünschten Verhaltens an der Leine und einem neuen Manage-
ment Angst einflößender Situationen für Hund und Mensch
sollte man sich in die Obhut eines kleinhunderfahrenen Hunde-
trainers begeben.

Der temperament-
volle Dackel wird
seinen Menschen
für ausreichenden
Auslauf mit einem
ausgeglichenen
Wesen belohnen.

Auch Kleinhunde sind im Rahmen ihrer körperlichen Möglichkeiten für sportliche Beschäftigungen dankbar.

Info

Sport mit dem Kleinhund?

Sport und Kleinhund müssen sich keinesfalls ausschließen. Im Gegenteil: Viele Kleinhunde sind für abwechslungsreiche Auslastungsangebote äußerst dankbar! Berücksichtigt werden müssen hier lediglich der Körperbau ganz allgemein sowie die Beinlänge des individuellen Tieres und seine körperliche Robustheit.

→ Der mittlerweile sehr beliebte Agility-Sport, der von vielen Sprüngen lebt, ist daher nur für wenige machbar.

→ Das Apportieren ist für nahezu alle Kleinhunde geeignet mit Ausnahme der „Kurzschnauzen", die mit dem Aufnehmen des „Bringsels" Schwierigkeiten haben können.

→ Obedience, eine Art sportliche Gehorsamsdisziplin, kann auch der Kleinhund körperlich mühelos bewältigen, allerdings muss man hierfür Freude an dieser sehr genauen Art des Trainings haben.

→ Fährtentraining und andere Formen der Nasenarbeit wie Futtersuchspiele usw. sind für Kleinhunde ausgezeichnet geeignet und werden in der Regel auch begeistert aufgenommen. Bei den von uns regelmäßig durchgeführten „Hobbykursen" zur Nasenarbeit zeichnen sich interessanterweise die Möpse durch wahren Feuereifer aus!

→ Temperamentvolle und sprunggewaltige Vertreter sieht man immer häufiger bei Sportarten wie Dog-Dancing, Fly-Ball u. Ä., wo sie ebenfalls mit viel Freude dabei sind. Sollten Sie auf der Suche nach weiteren konkreten Beschäftigungsideen für Ihren Hund sein, so empfehlen wir unsere Literaturhinweise.

Schutz vor Kälte und Nässe: Kleidung für den Kleinhund?

Nicht jeder Kleine braucht ein Mäntelchen

An dieser Stelle soll es nicht um Geschmack gehen, über den sich ja bekanntlich ohnehin nicht streiten lässt. Auch Tendenzen der letzten Jahre, bei denen sich immer mehr sogenannte Prominente mit Kleinhunden, die auf die jeweilige Handtaschenfarbe abgestimmt werden, schmücken, kommentieren sich unseres Erachtens ganz von selbst und bedürfen keinerlei Aufmerksamkeit.

Das Thema Kleidung für den kleinen Hund möchten wir rein unter dem Aspekt der Notwendigkeit betrachten. Tatsächlich muss man davon ausgehen, dass Hunde mit einer geringeren Körperoberfläche, und die haben kleine Hunde ja nun einmal ganz unbestritten, leichter auskühlen als dies bei großen Hunden der Fall ist. Aus diesem Grund ist ein Schutz gegen Kälte und Nässe in vielen Fällen durchaus sinnvoll. Doch sollte man nicht pauschal jedem kleinen Hund ein warmes Mäntelchen umlegen, sobald es mit den Sommertemperaturen zu Ende geht. Ziel sollte einerseits sein, den besonderen Bedürfnissen des Hundes Rechnung zu tragen, und andererseits eine übertriebene Verzärtelung des Tieres, die es unter Umständen noch empfindlicher werden lässt als es ohnehin schon ist, zu vermeiden. Daher ist es sinnvoll, sich zunächst einmal an der Fellstruktur des Hundes zu orientieren. Es leuchtet unmittelbar ein, dass ein Hund mit dichter Unterwolle, wie zum Beispiel ein Zwergspitz, bei Kälte in der Regel wohl kaum einen Mantel benötigen wird, was bei einem

Ein Mäntelchen kann bei „knackigen" Temperaturen vor allem früh am Morgen durchaus angebracht sein.

kurzfelligen Tier wie einem Pinscher oder Manchester-Terrier schon
ganz anders aussehen kann. Dabei sollte man auch bedenken, dass
viele Kleinhunde wie beispielsweise der Malteser zwar ein langes
Fell, aber keine Unterwolle haben und daher an sehr kalten Tagen
ebenfalls einen Schutz benötigen können. Dennoch sollte das Anle-
gen eines Mäntelchens insgesamt flexibel gehandhabt werden: In
der Regel kann in der Übergangszeit generell auf einen Mantel verzichtet werden, oder man benötigt einen Schutz nur zu bestimmten
Tageszeiten, wie frühmorgens oder am Abend. Da der Handel mittlerweile verschiedenste Kleidungsstücke für den Hund bereithält, ist
es recht leicht, auch auf Angemessenheit zu achten und in der Übergangszeit ein leichteres Mäntelchen zu wählen. Die meisten Kleinhunde aber werden, sofern sie in Bewegung sind, einen Mantel
erst bei knackigen Minustemperaturen benötigen. Muss der Hund
auf einem Winterspaziergang bei sehr kalten Temperaturen an
einer bestimmten Stelle längere Zeit warten und ist dadurch zur
Bewegungslosigkeit gezwungen, sollte man einen Mantel griffbereit haben. Besondere Rücksicht muss man immer bei kranken
(Rheuma, Nieren-, Blasenerkrankungen u. Ä.) und alten Kleinhunden nehmen und für diese nach Rücksprache mit dem Tierarzt auf
jeden Fall zu einem Kälteschutz greifen.

**Baden und
Schwimmen**

Viele Kleinhunde sind begeisterte Wasserratten (Gefahr an fisch-
reichen Gewässern nicht vergessen! S. 28). Ein Vergnügen, das man
zumindest den robusteren Naturen, sofern es nicht zu kalt ist, auch
außerhalb der Sommerzeit belassen kann, wobei man allerdings
einen Rucksack mit Handtuch und gegebenenfalls einem Mäntelchen für danach bei sich tragen sollte. Zusätzlich ist darauf zu achten, dass der Hund nach dem Bad in Bewegung bleibt.

Wichtig
Rückwärtsniesen

Bei einigen, vor allem kurzköpfigen Kleinhunden kommt das Phänomen des sogenannten Rückwärtsniesens oder -hustens vor. Hierbei saugt das Tier mit gestreck-
tem Hals und abgespreizten Ellbogen anfallsartig Luft durch die Nase. Gewöhnlich
treten diese Attacken nach dem Fressen, dem Trinken oder dem Toben auf und
wirken auf den Besitzer äußerst erschreckend. Die eigentliche Ursache ist bislang
nicht eindeutig benennbar, womöglich ist ein zu langes Gaumensegel, das sich
am Kehlkopf verfängt, verantwortlich. Normalerweise sind diese Anfälle harmlos
und verschwinden nach wenigen Sekunden, wobei dem Hund eine sanfte Massage
des Kehlkopfes oder ein Beklopfen der Vorderbrust helfen kann. Sollte das Rück-
wärtsniesen jedoch übermäßig oft auftreten und weitere Störungen des Allgemein-
befindens zur Folge haben, muss der Tierarzt aufgesucht werden.

Wartezeiten im Auto

Für Wartezeiten im Auto bei kalten Temperaturen bietet der Handel
seit einiger Zeit einen sogenannten Snuggle-Safe an. Dieser hat das
Aussehen und die Größe eines mittelgroßen Tellers. Man erwärmt
ihn in der Mikrowelle, wobei der Snuggle-Safe lediglich warm und
nicht heiß wird, sodass eine Verbrennungsgefahr ausgeschlossen ist.
Da der Snuggle-Safe über mehrere Stunden hin zuverlässige Wärme
spendet, empfiehlt sich die Anschaffung für einen kälteempfindli-
chen Kleinhund, der gelegentlich länger im ungeheizten Auto
warten muss, im Winter unbedingt. Zusammen mit einer Decke
nehmen Kleinhunde dies in der Regel sehr gerne an. Sonstiger
Modefirlefanz wie Gummistiefel für Kleinhunde oder sonstige Schu-
he müssen dem gesunden kleinen Hund nicht zugemutet werden.
Zu Pfotenschuhen o. Ä. sollte man lediglich im speziellen Fall auf
Empfehlung des Tierarztes greifen.

Unsere „Kleinste"
bei der Gewöhnung
an Wasser.

Info
Halsband oder Geschirr für den Kleinhund?

Alle Kleinhunde können sowohl Burstgeschirr also auch Halsband tragen. Das Halsband muss jedoch immer einen Zugstopp haben, nie soll daran geruckt werden. Das Brustgeschirr muss gerade beim kleinen Hund sehr gut angepasst werden und fest sitzen. Die Gefahr, dass er sonst herausschlüpfen kann, ist groß. Beim Spielen mit anderen Hunden ist es besser, das Brustge- schirr auszuziehen und ein Halsband umzulegen. So kann man eventuelle Verletzungen vermeiden, den Hund aber im Falle eines Falles dennoch schnell greifen und festhalten.

Reisen mit dem Kleinhund

Geradezu unschlagbare Vorteile genießen Kleinhunde und ihre Besitzer hinsichtlich gemeinsamer Reisen. Für viele Hundefreunde ist es undenkbar, in den schönsten Wochen des Jahres auf die Gesell- schaft ihres vierbeinigen Begleiters zu verzichten, weswegen ein grö- ßerer Hund für sie nie infrage käme. Als einer unserer Kleinhund- mischlinge, der mittlerweile drei Kilogramm wiegt, noch ein Welpe war, durften wir ihn in einer Tasche sogar zu einer Besichtigung in das Schloss Neuschwanstein mitnehmen! Ganz so unkonventionell geht es jedoch nicht immer zu, und daher ist man gut beraten, rechtzeitig vor Reiseantritt alles Nötige in Erfahrung zu bringen.

Flugreisen Möchte man den Hund auf eine Flugreise mitnehmen, so muss man zunächst wissen, dass das Tier in der Kabine mit Begleitperson nur bis zu einem bestimmten Gewicht mitreisen darf. Die Vorgaben der Fluggesellschaften sind hier nicht einheitlich; so liegt zum Beispiel die Obergrenze bei der Lufthansa derzeit bei acht Kilogramm inklusive Transportbox oder -tasche; die Air France gestattet lediglich fünf Kilogramm, ebenfalls einschließlich Transportbehältnis, was bei so manchem ausgewachsenen Kleinhund schon problematisch werden kann. Die Anforderungen an den Transportbehälter sind ebenfalls streng vorgegeben: Die Box oder Tasche muss wasserdicht sowie luftdurchlässig sein und den handgepäcküblichen Maßen 55 x 40 x 20 Zentimeter (mit geringfügigen Abweichungen bei den einzelnen Fluggesellschaften) entsprechen. Während des Flugs muss die Transportbox im Fußraum des Sitzes untergebracht sein, das Tier darf sie nicht verlassen. Da die Fluggesellschaften in der Regel nur die Anwesenheit eines Tieres in der Flugkabine gestatten, sollte man die Flugreise mit Hund frühzeitig anmelden, um auf der sicheren Seite zu sein. Übrigens gibt es sowohl bestimmte Länder als auch einzelne Fluggesellschaften, die Hunde unabhängig von ihrem Gewicht ausschließlich im Frachtraum transportieren und einen Aufenthalt in der Kabine generell verbieten. Dazu zählen momentan Großbritannien, Irland, Australien, Neuseeland, Hongkong, Kenia, Südafrika, die Vereinigten Arabischen Emirate, Oman sowie die Fluggesellschaften Quantas, Emirates, Air New Zealand und die asiatischen Fluggesellschaften. Aufgrund der Empfindlichkeit vieler Kleinhunde sollte der Transport im Frachtraum eines Flugzeuges vermieden und nur im Notfall, so zum Beispiel bei einem Umzug in ein anderes Land, erwogen werden. Sollte der Kleinhund nun dennoch im Transportraum mitfliegen müssen, so ist sofort nach Einstieg der Pilot zu informieren, dass sich ein Tier an Bord befindet, denn er hat die Möglichkeit, die Temperaturen im Frachtraum zu regulieren. Zusätzlich empfiehlt es sich dringend, rechtzeitig mit dem Tierarzt über die Möglichkeit einer Beruhigung zu sprechen und darüber hinaus einen Nachtflug zu wählen.

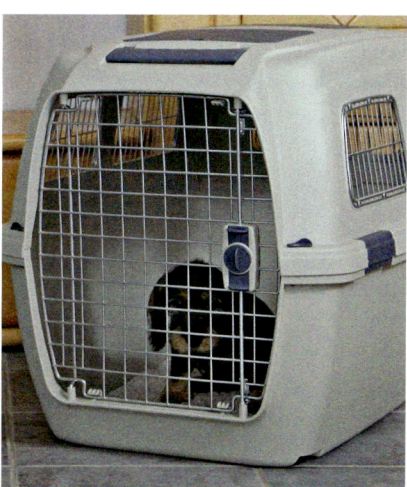

Die optimale Box entspricht der Größe des ausgewachsenen Kleinhundes und ist nicht überdimensioniert.

Achtung!

Da in den letzten Jahren auf Flugreisen immer häufiger Hunde als Drogenkuriere missbraucht werden, muss man sich auf eine gründliche Untersuchung durch die Grenzpolizei einstellen und auf jeden Fall ausreichend Zeit zur Abfertigung mitbringen! Die Ticketpreise für Hunde sind übrigens höchst unterschiedlich, ein weiterer Grund, sich rechtzeitig ausführlich über die Bedingungen der jeweiligen Fluggesellschaft informieren zu lassen.

Bahnreisen

Möchte man mit der Bahn verreisen, so ist es vorteilhaft zu wissen, dass für einen kleinen Hund bis Hauskatzengröße, der in einem Transportbehälter mitreist, kein Fahrpreis entrichtet werden muss. Da man auf Bahnreisen jedoch mitunter kuriose Dinge erlebt, sollte man sich dies, um bei einer Kontrolle nicht das Nachsehen zu haben, an einem Informationsschalter vor Antritt der Reise schriftlich bestätigen lassen.

Schiffsreisen

Mittlerweile gibt es einige Kreuzfahrtschiffe, die das Mitführen eines kleinen Hundes gestatten, wobei das Tier zuvor aber an eine ganz spezifische Besonderheit gewöhnt werden muss, nämlich an das Lösen auf einem Katzenklo oder auf einer saugfähigen Unterlage (Vorgehensweise siehe Stubenreinheit, S. 98).
Verreist man mit der Autofähre, so muss man sich vorher informieren, ob der Hund das Auto auf der Überfahrt überhaupt verlassen darf, denn der Aufenthalt an Deck ist keinesfalls generell gestattet, was insbesondere bei einer längeren Fahrtdauer mitbedacht werden muss.

**Einreise-
bestimmungen**

Gleichgültig für welches Transportmittel man sich letztlich entscheidet: Die Einreisebestimmungen sind auch in Zeiten offener EU-
Grenzen zum Teil noch recht kompliziert und bedürfen gewisser
Vorbereitungen. Innerhalb der EU benötigen Hunde einen sogenannten EU-Heimtierausweis, müssen gechippt und gegen Tollwut
geimpft sein. Für eine noch geltende Übergangsfrist stellen Großbritannien, Irland, Schweden und Malta zusätzlich noch schärfere
Bedingungen hinsichtlich einer Tollwut-Antikörperbestimmung
sowie einer speziellen Bandwurm- und Zeckenbehandlung. Auch
Finnland fordert den gesonderten Nachweis einer Bandwurmbe-
handlung. Außerdem werden die entsprechenden Nachweise nur
dann akzeptiert, wenn sie in einem bestimmten Zeitfenster vorgenommen wurden, also weder zu alt noch zu frisch sind. Möchten Sie
in eines der genannten Länder reisen oder in eines, dessen Vorgaben
Sie nicht genau kennen, so lassen Sie sich am besten von Ihrem Tierarzt informieren; er verfügt in der Regel über die neuesten Informationen. Auch ein Anruf beim staatlichen Veterinäramt liefert zuverlässige und stets aktuelle Angaben.

In dieser Tasche
fühlt sich der Klein-
hund sicher.

Plant man eine Reise über die Grenzen der EU hinaus, so muss man wissen, dass bei der Wiedereinreise von dort (die Schweiz bildet hier eine Ausnahme) nach Deutschland eine Blutuntersuchung zur Tollwut-Titerbestimmung vorzulegen ist, die man rechtzeitig vor der Abreise aus Deutschland durchführen lassen muss. Verpasst man dies, muss das Tier in Quarantäne. Hierbei werden allerdings nur Untersuchungen bestimmter Labors akzeptiert; am sichersten fährt man dabei mit dem Amtstierarzt des für den jeweiligen Wohnort zuständigen Veterinäramtes.

Da alle beschriebenen Bestimmungen zwar zurzeit Gültigkeit besitzen, aber immer wieder Änderungen unterliegen, gilt grundsätzlich das Einholen der aktuellsten Informationen rechtzeitig vor Reiseantritt.

Info
In der Tasche oder zu Fuß?

Der Kleinhund sollte den Transport in einer Tasche oder kurzzeitig auf dem Arm, wenn es einmal schnell gehen muss, generell gewöhnt sein. Gerade Kleinsthunde sind bei Menschenansammlungen in der Fußgängerzone usw. durchaus gefährdet, da sie schlicht übersehen werden. Außerdem ist auf Reisen in vielen Transportmitteln eine Tasche oder Box vorgeschrieben. Dennoch muss ebenfalls der kleinste Hund zur inneren Ausgeglichenheit lernen, auch in hektischeren Situationen auf seinen eigenen vier Beinen zu laufen. Aus diesem Grund ist es empfehlenswert, möglichst jede, zwar anstrengende, aber noch zumutbare Situation zu nutzen, damit sich der kleine Hund auf natürliche Weise fortbewegen kann, so wie seine größeren Artgenossen auch. Beim Hochnehmen auf den Arm sollte man übrigens dringend darauf achten, den Hund nicht an den Ellbogen oder gar im Nackenfell packend hochzuziehen. Dies ist für ihn äußerst unangenehm und sogar Angst einflößendend. Umgreifen Sie das Tier besser gleichzeitig mit beiden Händen um Brust und Bauch, so können Sie es auch sicher festhalten.

Kleinhunde und Kinder

Vorab eine Bitte: Alle hier erwähnten Punkte sollte man auch dann beherzigen, wenn man keine eigenen Kinder hat, aber gelegentlich welche zu Besuch kommen.

**Passen Klein-
hunde und
Kinder zusam-
men?**

Dieses Kapitel liegt uns deswegen besonders am Herzen, weil Klein-hunde sehr häufig zu Familienmitgliedern auserkoren werden in dem Glauben, die Haltung eines kleines Hundes sei leichter mit der Anwesenheit von Kindern zu vereinbaren. Noch verbreiteter ist leider der Irrglaube, ein Kind könne, nur weil es unter Umständen kräfte-mäßig in der Lage ist, einen kleinen Hund an der Leine zu halten,

Bitten Sie fremde Kinder im Interesse Ihres Hundes um eine vorsichti-gere und weniger „ergreifende" An-näherung.

auch erzieherische Aufgaben übernehmen. Was das generelle Zusammenleben von Kleinhund und Kind betrifft, so muss man deutlich sagen, dass hier vonseiten der Erwachsenen mindestens ebenso viel, wenn nicht gar mehr, Kontrolle ausgeübt werden muss wie bei der Anwesenheit eines großen Hundes. Ein kleines oder auch größeres Kind möchte, was es liebt, nun einmal auf den Arm nehmen und an sich drücken. Ein solches Verhalten ist für das Kind nur natürlich. Die Versuchung hierzu ist bei einem Kleinhund für das Kind besonders verlockend, weil seine Körperkräfte dazu in der Regel ausreichen. Doch ständiges Auf-den-Arm-genommen-Werden ist für alle Hunde eine Zumutung und kann sie zu wahren Nerven-bündeln machen. Gerade zarte Kleinhunde müssen außerdem,

So herzig das aussehen mag: Kinder neigen ohne Anleitung Erwachsener oft ungewollt dazu, Kleinhunde mit ihrer Zuneigung zu überfordern.

wenn überhaupt, dann vorsichtig und sicher getragen werden, damit sie nicht hinunterfallen und sich dabei verletzen oder wehtun. Eine solche motorische Sicherheit aber kann von kleinen Kindern genauso wenig erwartet werden wie die nötige Selbstbeherrschung, den kleinen Hund nicht nach eigenem Gusto den lieben langen Tag herumzuschleifen. Viele Kleinhunde sind sehr empfindlich und ertragen keine körperlichen Grobheiten, seien sie auch noch so unbeabsichtigt. Robustere Naturen unter ihnen können oft schon einmal einen Knuff vertragen, doch ihr nicht selten stark ausgeprägter eigener Wille wird häufig mit den sehr gegenwartsbezogenen Wünschen des Kindes nicht konform gehen. Die Gefahr, dass ein solcher Hund sich schließlich gegen unerwünschte Zudringlichkeiten auch mit den Zähnen wehren wird, ist durchaus gegeben.

Kann das Kind den Hund erziehen?

Was nun die Erziehung betrifft, so kann das Kind beim Kleinhund diese ebenso wenig übernehmen wie bei einem größeren Tier. Dabei ist es gleich, ob es sich um einen Welpen oder um einen erwachsenen Hund handelt. Vernunftgeleitete Erziehung kann nun einmal nur von vernunftgeleiteten Wesen geleistet werden, dazu zählen Kinder ganz naturgemäß einfach nicht. Sicher kämen Sie auch nicht auf die Idee, Ihre Kinder von anderen Kindern erziehen zu lassen, ohne

jegliche Regulierung und Aufsicht Erwachsener! Erziehungsmaßnahmen von Kindern werden – vor allem, wenn es darauf ankommt – von so gut wie allen Hunden im besten Fall ignoriert oder nur gegen Leckerchengabe ausgeführt, im schlimmsten Fall schafft man sich die jungen „Plagegeister" mit schärferen Mitteln vom Hals. So werden Sie Ihrem Kind leider unmissverständlich klarmachen müssen, dass Gebote und Verbote dem Hund gegenüber zunächst allein Ihre Angelegenheit sind. Ist der Kleinhund schließlich erwachsen, gut erzogen und insgesamt kooperativ, das Kind mindestens zwölf Jahre alt und dabei sehr vernünftig und geduldig, sind kleine Erziehungsübungen unter steter Anleitung und Anwesenheit Erwachsener gut möglich.

Wichtige Regeln

Generell empfiehlt es sich, mit der Anschaffung eines Kleinhundes zu warten bis das Kind mindestens acht Jahre alt ist. Doch auch dann müssen bestimmte Sicherheitshinweise beachtet werden, damit alle Beteiligten glücklich und zufrieden bleiben.

Regeln für Kinder

Regel Nummer eins muss sein, dass es für das Kind ganz bestimmte Tabuplätze bzw. -situationen gibt:

▶ Beim Fressen und beim Schlafen – egal an welcher Stelle – muss der Hund in Ruhe gelassen werden. Vor allem kleinere Kinder verstehen dies sehr gut, wenn man sie mehrmals wort- und ankündigungslos von einer ihrer Lieblingstätigkeiten hochnimmt und an einen anderen, für sie völlig uninteressanten Platz trägt. Erklärt man ihnen im Anschluss, dass der Hund dies genauso unschön findet wie sie selbst, wird ihr Verständnis dafür wesentlich höher sein als bei einer bloßen Ermahnung.

▶ Auch ein unerbetenes Knuddeln der Kinder, selbstverständlich ebenfalls verbunden mit anschließender Erklärung, kann zur Verdeutlichung sehr lehrreich sein.

▶ Zeigen Sie Ihrem Kind bestimmte Spielgegenstände, wie zum
Beispiel kleine Spielzeugteile, die gefährlich für den Hund sein
können, und erinnern es dabei an seine letzten schlimmen
Bauchschmerzen.

▶ Um dem Kind die Einhaltung der vielen Verbote leichter zu
machen und es dennoch in die Haltung des Hundes miteinzube-
ziehen, kann man es unter Anleitung – natürlich in vertretbarem
Rahmen und altersangepasst – bestimmte Aufgaben übernehmen
lassen. So kann es Aufgabe des Kindes werden, unter Aufsicht
eines Erwachsenen das Futter des Hundes zuzubereiten und zu
kontrollieren, dass stets genügend Hundefutter im Hause ist.

▶ Ebenfalls unter Anleitung können zumindest größere Kinder
auch an der Fellpflege beteiligt werden. Da viele Kleinhunde
jedoch recht aufwändiger Fellpflege bedürfen, bei der es auch einmal ziepen kann, muss zuvor unbedingt eine prinzipielle Gewöhnung und Akzeptanz aller Fellpflegemaßnahmen beim Hund
gegeben sein, die wiederum nur von Erwachsenen etabliert werden können. Zusätzlich kann man Kinder dazu anhalten, Leinen
und Halsbänder in Ordnung zu halten, gegebenenfalls einzufet-
ten und an bestimmten Plätzen zu verwahren.

Richtig spielen   Das Spiel zwischen Kind und Kleinhund sollte festen Regeln folgen.
So empfiehlt es sich, ausschließlich objektbezogenes Spiel mit dem
Hund zuzulassen (am besten mit einem Bällchen, einem Knotentau
usw.) und niemals mit Teilen des Körpers oder der Kleidung, da dies
dem Erlernen einer zuverlässigen Beißhemmung entgegenläuft. Das
gelingt dann am besten, wenn Bällchen oder sonstige Spielzeuge

weggeworfen und nicht zu lange in der Hand gehalten werden. Sobald der Hund im Spiel allzu sehr aufdreht und die Kinderärmchen mit dem Spielzeug „verwechselt", sollte das Spiel sofort wortlos abgebrochen und der Hund links liegen gelassen werden. Dies muss man mit dem Kind in der Regel mehrmals durchspielen, damit es lernt, zu draufgängerisches Verhalten des Hundes überhaupt zu erkennen. Auf gemeinsamen Spaziergängen kann das Kind Leckerchensuchspiele mit dem Hund durchführen. Dabei werden kleine, aber für den Hund sichtbare Leckerchen (Achtung, Leckerchen stets von der täglichen Futterration abziehen!) über den Boden gerollt, denen der Hund hinterherspringen kann. Auf Zieh- und Zerrspiele sollte ganz verzichtet werden, damit auch beim kleinen Hund nicht der Eindruck entsteht, er sei dem Kind kräftemäßig überlegen.

Regeln für den Kleinhund

Doch nicht nur das Kind muss sich an die Regeln halten. Auch der Hund muss lernen, dass es bestimmte Grenzen gibt, die dem Kind gegenüber einzuhalten sind, und dazu ist wiederum eines erforderlich: die Anwesenheit und Kontrolle eines Erwachsenen. Unter den Kleinhunden gibt es jede Menge äußerst quirlige Vertreter, die schnell zu der Überzeugung gelangen können, dass man bestimmte Dummheiten mit einem Kind hervorragend ausleben kann. So können sie es höchst animierend finden, Kinder spielerisch in Kleidung oder auch Körperteile zu zwicken oder daran zu ziehen, weil diese dann so schön quietschende Geräusche von sich geben. Es gilt dabei zunächst, dem Kind deutlich zu machen, wie es sich in einer solchen Situation zu verhalten

Kleine „Hundeprinzen" müssen im Umgang mit Kindern klare Tabus erwachsener Bezugspersonen akzeptieren lernen und sich auch ohne Protest einmal wegschicken lassen.

Einüben von Tricks und Spaziergänge unter steter Kontrolle Erwachsener ermöglichen ein harmonisches Miteinander von Kind und Hund.

hat: aufrecht hinstellen, Arme verschränken, keinen Blickkontakt mehr mit dem Hund und vor allem Mund zu. Geht vom Kind keinerlei Gefuchtel oder Gequietsche mehr, sondern komplette Ruhe aus, beruhigt sich in der Regel auch der Hund sehr schnell und stellt sein Verhalten ein. Sollte dies nicht der Fall sein, muss ein Erwachsener eingreifen und den Hund mit einem energischen **NEIN** (siehe S. 120) zur Räson bringen. Wie sich das Kind zu verhalten hat, muss man auch hier wieder mehrfach mit ihm durchspielen und nicht nur mit Worten erläutern. Doch ganz generell können wir nur dazu raten, Kind und Hund niemals unbeaufsichtigt zu lassen. Wir bitten um Verständnis für die sehr deutlichen Worte in diesem Kapitel, aber unsere langjährigen Erfahrungen mit Kindern und Hunden zeigen leider nur zu deutlich, dass auch die Kombination Familie mit Kind(ern) und kleiner Hund häufig scheitert, weil auf die Besonderheiten und Sensibilität von Kleinhunden zu wenig Rücksicht genommen wird. Die Zahl der Fälle, in denen uns Kleinhunde vorgestellt wurden, weil sie Kindern gegenüber angstaggressives Verhalten entwickelten, ist in den letzten Jahren leider drastisch angestiegen, und die Bemerkung einer Kleinhundbesitzerin, ein Dackelbiss sei doch nicht so schlimm, können wir ganz und gar nicht teilen.

Kind und Klein-hund allein zum Spaziergang?

Für ein harmonisches Miteinander sind Regeln für alle Beteiligten vonnöten, die von Erwachsenen überwacht werden müssen. Völlig indiskutabel ist es unseres Erachtens, Kinder allein mit dem Klein-hund auf die Straße oder zum Spazierengehen zu schicken. Auch wenn sie durchaus in der Lage sein mögen, den Hund festzuhalten, so besteht immer noch die Gefahr, dass ein anderer, unverträglicher Hund außer Kontrolle gerät und sich auf den Kleinhund stürzt – mit dem Kind am Ende der Leine. Was dabei alles passieren kann, ist gar nicht auszudenken. Übrigens: Kommt es zu einem Vorfall, bei dem Kind und Hund allein unterwegs sind und einem Dritten ein Scha-den entsteht, bezahlen die Haftpflichtversicherer mit Hinweis auf die Verletzung der Aufsichtspflicht Erwachsener nicht. Dabei spielt weder die Größe des Hundes eine Rolle noch die Tatsache, dass der Schaden womöglich unabsichtlich entstanden ist. Der Gesetzgeber hat sich hier bei Streitfällen vergangener Jahre vor Gericht stets der Logik der Haftpflichtversicherer angeschlossen und ihnen damit Recht gegeben. Die mitunter horrenden Schadenssummen mussten stets die Eltern der Kinder begleichen. In den uns bekannten Fällen war das älteste Kind bereits vierzehn Jahre alt.

Wichtig
Wenn Sie ein Kind erwarten…

Ist man bereits im glücklichen Besitz eines Kleinhundes und erwartet ein Kind, so kann man schon zu Beginn der Schwan-gerschaft den Grundstein für ein friedvolles Zusammenleben in der Zukunft legen. Naturgemäß ist man in den ersten Monaten nach der Geburt eines Kindes von diesem völlig in Beschlag genommen. War der Hund bis zu diesem Zeitpunkt sehr viel Aufmerksamkeit gewohnt und häufig Zentrum des Interesses, wird er mit einer zwar keineswegs bös gemeinten, aber den-noch sehr abrupten Umstellung nur schlecht zurechtkommen. Nicht selten passiert es dann, dass dies direkt mit dem Neu-ankömmling verknüpft wird, was sehr unangenehme Folgen haben kann. Dies kann man vermeiden, indem man recht-zeitig – und das bedeutet mindestens mehrere Wochen vor der Geburt – erzieherisch konsequent zu strukturfördernden Maßnahmen (siehe S. 81) greift.

Der Kleinhund in der Gruppenhaltung

Immer mehr Hundefreunde wünschen sich einen zweiten oder gar dritten Hund. Doch Mehrhundehaltung bedeutet immer auch ein „Mehr" an Anforderungen und Aufgaben für den Menschen – auch bei kleinen Hunden. Daher sollten bestimmte Punkte beachtet werden, damit das gemeinsame Dasein für keinen der Beteiligten in Stress ausartet.

Fall 1: Kleinhund und Kleinhund

Dies ist im Grunde genommen eine gute Kombination, bei der man jedoch zuvor immer die generelle Hunde- und je nachdem auch Welpenverträglichkeit des Ersthundes getestet haben muss. Das sollte unbedingt auch innerhalb der eigenen vier Wände geschehen sein und nicht nur außerhalb des eigenen Territoriums. Kleinhunde können sich beim Spaziergang völlig neutral verhalten, während sie im eigenen Zuhause keinen anderen Vierbeiner dulden mögen. Realistisch gesehen muss man sagen, dass kleine Hunde generell wesentlich mehr Vorrechte genießen als größere. So sind Sofa und/oder Bett sowie ein hohes Maß an Aufmerksamkeit in der Regel eine Selbstverständlichkeit. Da ein neuer Hund viel Zuwendung benötigt, kann ein sehr verwöhnter Ersthund durchaus Probleme damit haben, plötzlich auch einmal zurückzustecken und nicht ständig alleiniger Mittelpunkt des Interesses zu sein. Entsprechende strukturfördernde Maßnahmen (siehe S. 81) – möglichst mehrere Wochen vor Einzug des neuen Hausgenossen – erleichtern dem ersten Hund die Akzeptanz der neuen Situation ungemein und vermeiden außerdem zukünftige aggressive Auseinandersetzungen zwischen den Hunden, sofern sie auf den zweiten Hund übertragen und natürlich auch beibehalten werden.

Solide Erziehung schafft Stabilität auch im Kleinhunderudel.

Leider machen Kleinhundefreunde aus den besten Absichten heraus oft den Fehler, den Ersthund mit zusätzlichen Häppchen und noch verstärkter Aufmerksamkeit für die Anwesenheit eines zweiten Hundes zu „entschädigen". Häufig führen diese Bemühungen aber zum exakten Gegenteil des Gewünschten: Der Ersthund beginnt das, was ihm seines Erachtens nach zusteht, heftig vor dem Zweithund zu verteidigen und reagiert mit dem Verhalten, welches man landläufig als Eifersucht bezeichnet. Die Etablierung der erwähnten Maßnahmen ist in jedem Fall eine gute Prophylaxe gegen unnötige Probleme. Einige Kleinhunde zeigen an der Leine anderen Hunden gegenüber problematisches Verhalten. Sofern man einen erwachsenen Kleinhund hat, der andere Hunde verbellt, empfiehlt es sich, dies vor der Übernahme eines weiteren Vierbeiners, wenn nötig mit fachlicher Hilfe, zu beheben. Da junge Hunde sehr viele Verhaltensweisen von ihren erwachsenen Vorbildern übernehmen, ist die Wahrscheinlichkeit, dass man nach einiger Zeit zwei dieser Probleme wird spazieren führen müssen, sehr groß. Mit der Übernahme bestimmter Verhaltensweisen durch den Zweithund wird man übrigens ganz generell rechnen müssen, unabhängig von der Größe des bereits erwachsenen Ersthundes.

Pudel eignen sich aufgrund ihrer hohen Anpassungsfähigkeit in der Regel gut zur Mehrhundehaltung.

Hält man ein gegengeschlechtliches Hundepärchen, so muss man bereits sehr frühzeitig mit einem unerwünschten Deckakt rechnen und entsprechende Vorsichtsmaßnahmen ergreifen. Ein erwachsener Rüde wird keine Rücksicht darauf nehmen, dass die junge Hündin eventuell körperlich noch gar nicht ausgereift ist, und auch der halbwüchsige Rüde wird versuchen – und zwar häufig mit Erfolg –, die läufige erwachsene Hündin zu decken.

**Fall 2:
Mittelgroßer bis
großer Hund
und Kleinhund**

Was hier die Vorbereitung des Ersthundes betrifft, so ist selbstverständlich auch die generelle Verträglichkeit im und außer Haus vonnöten sowie die Prüfung eventueller Privilegien, die dem Ersthund den Einzug eines weiteren Hundes schwierig machen könnten. Auch die Übertragung unerwünschter Verhaltensweisen sollte erneut in Betracht gezogen werden. Bei einem größeren Hund mit ausgeprägtem Jagdverhalten muss man sich unbedingt sicher sein, dass dieses vor kleinen Artgenossen haltmacht, was keineswegs so selbstverständlich ist, wie es klingt. Wenn kleine Hunde von größeren totgebissen werden, was leider immer wieder vorkommt, ist sehr häufig jagdlich motiviertes Verhalten im Spiel. Ist der größere Hund temperamentvoll und sehr verspielt, so muss man aufgrund der unterschiedlichen körperlichen Gegebenheiten streng darauf achten,

Nicht alle großen Hunde sind im Umgang mit Kleinhunden so entspannt und souverän...

dass der Kleinhund nicht durch zu wildes, zu häufiges oder zu langes Spiel überfordert wird. Man wird ein solches Pärchen daher lange nicht allein lassen können. Übrigens empfiehlt es sich hier nicht, den kleinen Hund bei Überforderung ständig hochzunehmen und womöglich noch zu bedauern. Dies würde ihn in seiner Auffassung, größere Hunde seien anstrengend und unangenehm, nur bestätigen. Zur Übertragung einer solchen „Meinung" auf alle anderen, größeren Hunde wäre es dann nicht mehr weit. Sinnvoller ist es hier, den „Großen" erzieherisch zu reglementieren (z. B. über **NEIN**, siehe

…daher empfiehlt sich vor der endgültigen Bildung eines solchen „Paares" die sorgfältige Prüfung des Verhaltens beider Hunde.

S. 120), sobald er über die Stränge schlägt, damit er lernen kann, mit dem „Kleinen" prinzipiell vorsichtiger umzugehen.

Kann man einen selbstsicheren und gelassenen größeren Hund sein Eigen nennen, so ist man in der glücklichen Lage, dass der Kleinhund durch das positive vierbeinige Vorbild vieles wie von selbst lernen wird. Dennoch sollte man sich in einem solchen Fall die Mühe machen, regelmäßige Sozialisationsgänge (siehe ab S. 54), vor allem mit dem Welpen und Junghund, auch ohne den „großen Freund" zu unternehmen, damit der Kleinhund ebenfalls ein gesundes und vor allem unabhängiges Selbstbewusstsein entwickeln kann.

Die Gefahr eines Deckaktes darf übrigens auch bei dieser Kombination nicht unterschätzt werden. Keinesfalls kann man auf die Einsicht der Hunde setzen, dass sie aufgrund der unterschiedlichen Größe nicht zueinander passen. Sobald es körperlich irgendwie machbar ist, wird der Rüde versuchen, die Hündin zu decken, was bei einem großen Rüden und einer Kleinhündin ganz böse Folgen haben kann.

**Sonderfall:
Der Zweithund
ist ein Welpe
einer größeren
Rasse**

Generell sollten hier alle wesentlichen und bereits genannten Punkte bedacht werden. Zusätzlich muss im Hinblick auf den Welpen genau beobachtet werden, ob der Kleinhund in der Lage ist, den jungen Kerl zu „erziehen“, denn Welpen haben ein hohes Spielbedürfnis, und es ist davon auszugehen, dass sie den Kleinhund damit regelrecht traktieren werden. Unsere Chihuahua-Hündin Hummel sprang dem neu eingezogenen Schäferhundwelpen Zeppo zwei Mal mitten ins Gesicht, als dieser es ihrer Meinung nach zu doll trieb. Dies beeindruckte ihn zutiefst und er näherte sich ihr forthin mit der angemessenen Vorsicht. Hätte es sich bei „dem Großen“ nicht um einen sensiblen Schäferhund, sondern etwa um einen hartnäckigen Terrier gehandelt, so wäre die „Erziehungsmaßnahme“ der kleinen Dame höchstwahrscheinlich unbemerkt verpufft.

Kann der Kleinhund den Welpen also nicht durch relativ simple Maßnahmen beeindrucken, muss der Mensch tätig werden und einschreiten, damit der Welpe lernen kann, sich dem Kleinhund gegenüber angemessen zu verhalten. Übrigens muss man in einem solchen Fall unbedingt Sorge tragen dafür, dass der Welpe außerhalb viele positive Hundekontakte mit solchen Vierbeinern erfährt, die ihm an Kraft und Motorik entsprechen. Der erwachsene Kleinhund muss prinzipiell die Möglichkeit des geordneten Rückzugs haben (dabei bitte keinesfalls bedauern, siehe auch Kapitel Umweltsicherheit!). Dies lässt sich am besten durch ein Kindergitter realisieren, das dem Welpen den Zutritt zu einem bestimmten Raum verwehrt; so kann man allen Beteiligten Ruhe verschaffen, ohne einen der Hunde wegsperren zu müssen.

Ein stressfreies
Miteinander.

Nachwuchs vom Kleinhund oder doch besser Kastration?

**Mit dem Klein-
hund züchten?**

Wünscht man sich Nachwuchs vom Kleinhund, so sollte man den eigenen Hund – so geliebt er auch sein mag – zunächst kritisch prüfen. Es gibt Kleinhunde, für die Geburt und Aufzucht von Jungen problematisch sein kann. Für alle, die bereits im Alltag gesundheitliche Probleme haben und/oder extreme Körpermerkmale aufweisen, kann der Geburtsstress durchaus unverkraftbar sein; einige sind sogar überhaupt nicht mehr imstande, sich selbstständig fortzupflanzen und zu gebären. Im Sinne einer gesunden und robusten

Kleinhundwelpen
benötigen schon
beim Züchter ruhige
Rückzugsmöglich-
keiten.

Gesamtpopulation empfiehlt es sich, bei diesen Hunden generell auf Nachwuchs zu verzichten. Eine Hündin muss keineswegs, wie oft zu hören, einmal Welpen gehabt haben, um gesund zu bleiben. Entscheidet man sich mit einer an Körper und Seele gesunden Hündin für Nachwuchs, so sollte man sich bewusst sein, dass die Aufzucht der Welpen ein Vollzeitjob ist, und zwar für den Menschen, der die alleinige Verantwortung für eine vernünftige Sozialisierung in den ersten Lebenswochen bis zur Abgabe an die neuen Besitzer trägt.

Kastration

Kaum ein Thema wird in der Hundewelt so emotional, kontrovers und vorurteilsbeladen diskutiert wie die Kastration von Hunden. Die amerikanische Tendenz, sehr früh zu kastrieren, wird bei uns zurzeit interessanterweise vor allem für Hündinnen übernommen. Erwägt man nun eine Kastration des Kleinhundes egal welchen Geschlechts, so sollte man zunächst einmal alles „Hörensagen" von sich weisen und sich dort schlau machen, wo es mehr zu erfahren gibt als bloße Meinungen. Seit Kurzem existiert eine sorgfältige Publikation von Gabriele Niepel unter dem Titel „Kastration beim Hund" (siehe S. 167). Hier kann man sich einen umfassenden und sachlichen Überblick über die Vor- und möglichen Nachteile einer Kastration verschaffen und erfährt vieles über die verschiedenen Operationstechniken; Informationen, die man bei Tierärzten leider oft einfordern muss. So ist beim Kleinhund ein recht hohes Narkoserisiko gegeben, welches mit einer Inhalationsnarkose minimiert werden kann; eine Methode, über die jedoch keineswegs jeder Tierarzt verfügt. Bitten Sie Ihren Tierarzt diesbezüglich auch bei sonstigen Operationen unbedingt um genaue Aufklärung.

Kastration ja oder nein? Das sollte sorgfältig geprüft werden.

Mit dem Kleinhund auf Ausstellungen

Möchte man mit seinem Kleinhund Ausstellungen besuchen, so sollte man ihn frühzeitig mit der besonderen Atmosphäre sowie den speziellen Anforderungen, die dort an ihn gestellt werden, vertraut machen. Dazu ist es ratsam, gemeinsam mit dem Tier entsprechende Veranstaltungen zu besuchen, bevor man das erste Mal selbst startet, damit schon einmal „Lampenfieberatmosphäre" geschnuppert werden kann. Auch das Abtasten von einer fremden Person und das Auf-dem-Tisch-Stehen will rechtzeitig geübt werden. Viele Kleinhunde empfinden die mittlerweile auf Ausstellungen zum Einsatz kommenden Chiplesegeräte als gruselig, auch damit sollte das Tier im Vorfeld bekannt gemacht werden. Jeder Kleinhund, der auf Ausstellungen geführt wird, sollte unbedingt an eine Hundebox gewöhnt sein und somit immer die Möglichkeit des Rückzugs an diesem oft hektischen Ort haben. Alles in allem aber kann man jedem Kleinhundefreund nur ans Herz legen, den Ausstellungsbetrieb sportlich und nie verbissen zu betrachten. Egal, wie erfreulich Erfolge hier für den Menschen sein mögen, sie sollten nie dazu führen, dass der Hund nicht mehr Hund sein darf und davon abgehalten wird, sich schmutzig zu machen und nach Herzenslust auch mal im Matsch zu toben, so wie jeder andere Vierbeiner auch. Für die zweibeinigen Aussteller gilt auf Ausstellungen übrigens häufig ein ungeschriebener Kleidungskodex, über den man sich bei dem jeweiligen Rasseverband informieren sollte.

Ausstellungen sollte man auch beim Kleinhund möglichst sportlich und nicht verbissen sehen.

Der Kleinhund und seine Umwelt

Umweltsicherheit für den Kleinhund

Wie bereits an anderer Stelle erwähnt, brauchen alle Hunde eine konkrete und kontrollierte Umweltsozialisation, um in ihrem späteren Leben weder übertrieben ängstlich noch aggressiv auf ihre Umgebung zu reagieren. Ohne die Bedeutung dieses Themas auch für größere Hunde schmälern zu wollen, so sind Kleinhunde und ihre Besitzer in Sachen Umweltsozialisation (von dieser sprechen wir für den Welpen und Junghund bis etwa zur 16. Lebenswoche) und Umweltsicherheit (diesen Begriff möchten wir ganz allgemein auf Kleinhunde jeden Alters beziehen) in einer ganz spezifischen Situation. Auch wenn es auf den ersten Blick schwer zu glauben scheint, es ist häufig schwieriger, einen kleinen Hund umweltsicher zu machen als ein größeres Tier. Zunächst einmal mag das daran liegen, dass die Notwendigkeit konkreter Maßnahmen bei kleinen Hunden oft unterschätzt wird, da man glaubt, schon allein aufgrund der leichter zu handhabenden Körpergröße gegen mögliche Klippen der Haltung sowie der Erziehung automatisch gewappnet zu sein. Daher muss man sich bestimmte Dinge (siehe Checkliste S. 62) oft ganz bewusst vornehmen und durchführen, denn einen problemlosen vierbeinigen Gesellen, der seinen Menschen überallhin stressfrei begleiten kann, weil er die Welt kennengelernt hat, bekommt man keineswegs ohne Engagement.

Über Stock und Stein: Der umweltsichere Kleinhund hat einfach mehr vom Leben.

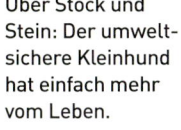

Nimmt der Mensch souverän und entspannt regelmäßige Körperkontrollmaßnahmen bei seinem Kleinhund vor ...

Angstaggressives Verhalten von kleinen Hunden an der Leine, mangelnde Leinenführigkeit, Hypernervosität, Hysterie und mangelhafte Anpassungsfähigkeit sind die häufigen Folgen einer unausgenutzten Sozialisationsphase. So muss der kleine Hund alles kennenlernen, was später mehr oder weniger regelmäßig selbstverständlicher Teil seines Lebens sein soll:

Dazu gehören Menschenansammlungen ebenso wie Lärm, Verkehr, Artgenossen und andere Tiere, Auto- und Zugfahrten usw. Ganz besonders wichtig sind bei der Sozialisation des kleinen Hundes regelmäßige Café- und Restaurantbesuche. (Übrigens darf man, wenn man ländlich und daher eher ruhig wohnt, auf gezielte Sozialisationsmaßnahmen mit Hinweis auf ein generell ruhiges Umfeld nicht verzichten, denn Lebenssituationen können sich jederzeit verändern!) Es gibt unter den Kleinhunden viele Rassen und Individuen, die körperliche Aufdringlichkeiten nicht gerne dulden, aber später regelmäßiger und mitunter aufwändiger Fellpflegemaßnahmen bedürfen oder schlicht einfach einmal unter Zecken- oder Flohbefall o. Ä. leiden können. Körperkontroll- und -pflegemaßnahmen sind auch bei kurzfelligen Vertretern unbedingt von „Kindesbeinen" an (im Hinblick auf spätere stressfreie Tierarztbesuche) regelmäßig einzuüben. Da ein kleiner Hund, noch dazu wenn es sich um einen Welpen handelt, sehr schnell übersehen und dann getreten oder gerempelt werden kann, vermeiden viele Kleinhundbesitzer in der Welpen- und Junghundphase Stadtbesuche oder tragen ihren Hund hier ausschließlich auf dem Arm. Eine gute Alternative, den kleinen Hund gefahrlos an größere Menschenansammlungen zu gewöhnen, besteht darin, sich auf einer Bank niederzulassen und den Hund auf den Boden zu setzen. So kann er alle Reize in Ruhe auf sich wirken lassen. Ganz besonders von Vorteil ist dabei, dass er so alles aus seiner natürlichen Perspektive erlebt und gelassen lernen kann, dass keine Bedrohung besteht.

Vorsicht, Überbehütung!

Beim kleinen Hund neigt man schnell zur Überbehütung. Das ist völlig menschlich, und auch wir müssen uns bei unseren eigenen kleinen Hunden oft genug zusammenreißen und gegenseitig darauf aufmerksam machen, es nicht zu übertreiben. Denn Überbehütung steht der Gewinnung von Umweltsicherheit häufig im Wege, da sie dazu führt, den Hund viele Dinge erst gar nicht ausprobieren zu lassen, obwohl er körperlich, wenn auch mit etwas Anstrengung, durchaus dazu in der Lage wäre. Die Folgen sind dann oft Unsicherheit des Tieres und sogar motorische Unfähigkeit. Dass man dabei selbstverständlich Rücksicht nehmen muss auf die körperlichen

... erspart er ihm Stress und unnötige Angst, wenn es einmal Ernst wird.

Möglichkeiten des Hundes, versteht sich. Leider macht dieser Balanceakt zwischen Förderung und Forderung einerseits und Rücksichtnahme andererseits die Aufgabe, einen kleinen Hund umweltsicher zu machen, nicht unbedingt leichter. Doch wenn man sich täglich bewusst vornimmt, übertriebene Verzärtelung und Überbehütung zu vermeiden, ist sicherlich schon eine Menge getan. So haben unsere Kleinhunde beispielsweise überhaupt kein Problem damit, sich bei Spaziergängen den Weg durch dichteres Gestrüpp zu bahnen, und auch bei der Überwindung von Hindernissen gehen sie eifrig und ohne Hysterie zur Sache. Selbst unserer kleinsten Chihuahua-Hündin gelingt dies durch entsprechend behutsame, aber stetige Gewöhnung, natürlich im Rahmen ihrer Möglichkeiten.

Je früher der Kleinhund an die Bürste gewöhnt wird, desto besser.

Nicht immer auf den Arm nehmen!

Ein weiterer wichtiger Punkt steht der Erlangung von Umweltsicherheit bei Kleinhunden konträr entgegen, verhindert sie mitunter sogar geradezu: die Versuchung, den kleinen Hund bei Anzeichen von Angst oder Unsicherheit zu bedauern, auf den Arm zu nehmen und beruhigend auf ihn einzureden. Auch das ist menschlich völlig nachvollziehbar, denn für den kleinen Hund gibt es im täglichen Leben tatsächlich wesentlich mehr Gefahren als für den größeren Vierbeiner. Dennoch muss man sich bei allen Aufmerksamkeiten, die man dem unsicheren Hund

schenkt, deutlich machen, dass diese Zuwendungen eine Verstärkung bzw. Etablierung des gerade gezeigten Verhaltens bewirken. Dabei ist es völlig gleichgültig, dass man den Hund eigentlich nur beruhigen möchte. Auch Worte der Erklärung, „dass doch alles in Ordnung sei", helfen dem Tier nicht, da bei ihm lediglich der Ton, nicht aber der gut gemeinte Inhalt der Rede ankommt. Hier kommt das Phänomen der Stimmungsübertragung zum Tragen: Der weiche Tonfall bestätigt den kleinen Hund lediglich in seinem Glauben, dass es durchaus Grund zur Beunruhigung gibt. Stellen Sie sich einmal vor, Sie würden sich auf das Abenteuer einer Dschungeltour einlassen. Wen hätten Sie dabei am liebsten an Ihrer Seite? Doch sicher einen erfahrenen und daher gelassenen Führer, dem man auch ganz ohne Worte anmerkt, dass er jede noch so bedrohlich wirkende

Beginnen Sie beim Welpen mit der Gewöhnung an weitere, vierbeinige Hausbewohner sofort.

Situation unter Kontrolle hat. Bemerkt man beim Hund also Zeichen der Angst oder Unsicherheit, so sollte man durch eine völlig ruhige und souveräne Haltung – die der Hund dem Menschen völlig problemlos ablesen kann – *zeigen*, dass es keinen Grund zur Besorgnis gibt, anstatt es ihm einzureden.

Verhaltensweisen nicht verniedlichen!

Mitunter neigt man als Kleinhundbesitzer aber auch zum anderen Extrem: Bestimmte Verhaltensweisen, die man bei einem größeren Hund als sehr unangenehm empfände, werden belächelt und verniedlicht und auf diesem Wege verstärkt. Leider kann auch das häufig genug zur Verstärkung unangepassten Verhaltens führen. Der Klassiker ist hier wahrscheinlich das Verbellen von – zumeist größeren – Artgenossen, von Joggern, Radfahreren o. Ä. Natürlich kann es unter Umständen von nicht zu leugnender Komik sein, wenn ein kleiner Mops einer großen Dogge glaubt, den Kampf ansagen zu müssen. Der Hund jedoch betrachtet erneut die amüsierte (oder auch beschwichtigende) Reaktion des Menschen als Zustimmung zu seinem Benehmen, weswegen man besser beraten wäre, solches Verhalten durch strukturfördernde Maßnahmen (siehe ab S. 81), **NEIN** (siehe S. 120) und Schleppleinentraining (siehe S. 154) in den Griff zu bekommen, mindestens aber wortlos zu ignorieren.

So ist man bei dem Wunsch nach einem umweltsicheren Kleinhund immer gefordert, die eigene Reaktion auf das Verhalten des Tieres zu überprüfen, um zu erreichen, dass man nicht selbst, ohne es zu wollen, ein Hindernis auf dem Weg zum umweltsicheren Kleinhund darstellt. Ein kleines Beispiel aus unserem eigenen Hundealltag soll verdeutlichen, wie leicht sich Verhaltensweisen dadurch etablieren können, dass der Mensch sie belächelt. Einer unserer Kleinhundmischlinge begann im Alter von nur wenigen Monaten begeistert mit der Verfolgung von Grillen. Es war Spätsommer, es gab deren viele, und so hatten wir auf jedem Spaziergang eine Menge zu lachen, da es äußerst komisch anzuschauen war, wie der kleine Rüde bei der Verfolgung wahre Bocksprünge vorführte. Irgendwann fiel uns auf, dass er sich zwischen den einzelnen Sprüngen immer häufiger nach uns umdrehte, kurz wartete und auf das nächste Lachen hin erneut lossprang. So weit, so witzig. Weniger komisch war hingegen, dass er nur kurze Zeit

Doch bitte nur nur unter ständiger menschlicher Aufsicht!

Das Leben eines Dackels kann auch ohne jagdliche Betätigung durchaus lebenswert sein!

später begann, sich Wildtieren gegenüber genauso zu verhalten und sich auch dabei, kurz bevor er zum Spurt ansetzte, nach uns umdrehte. Dass wir nun nicht mehr lachten, störte ihn allerdings weniger. Wären diese „ersten Schwalben" (oder besser gesagt Grillen) im Jagdverhalten des Hundes nicht auch noch belacht und damit verstärkt worden, hätten wir das „plötzliche" Jagen des Hundes mit Sicherheit wesentlich schneller wieder abstellen können, als es der Fall war. Wir waren in dieselbe Falle getappt wie schon viele Kleinhundbesitzer vor uns, indem wir bestimmtes Verhalten nur deswegen belächelten, weil es von einem kleinen Hund gezeigt wurde und nicht etwa von einem großen.

Kurz gefasst
Umweltsicherheit für den Kleinhund

Jeder Kleinhund verdient und benötigt ein Leben in sozialer Sicherheit. Aus diesem Grund sollten spezielle Maßnahmen zur Erlangung von Umweltsicherheit ernst genommen und gezielt angegangen werden. Mit der Kontrolle der eigenen Einstellung und des eigenen Verhaltens dem kleinen Hund gegenüber leistet man einen großen Beitrag in die richtige Richtung.

Hilfe! Jeder stürzt sich auf meinen Hund!

Dieses Problem ist für Kleinhundbesitzer – egal ob man mit einem Welpen oder einem ausgewachsenen Kleinhund unterwegs ist – besonders relevant: Bei so gut wie jedem Ausflug findet sich jemand, der ganz unvermittelt und ohne Vorwarnung auf den Hund zustürzt, ihn ungefragt anfasst oder sogar hochnimmt. Vor allem auf Kinder üben kleine Hunde eine ungeheure Anziehungskraft aus, und die dazugehörigen Eltern greifen in einem solchen Fall oft nicht ein, da ihrer Meinung nach hier – anders als bei einem großen Hund – dem Kind keinerlei Gefahr droht. Bei sensiblen, aber auch bei eigenständigen Naturen ist so die Gefahr, einen Kinderhasser zu bekommen, hoch. Doch auch Erwachsene lassen sich von ihrem Entzücken beim Anblick eines Kleinhundes häufig genug hinreißen. Ständiges Sich-von-oben-über-den-Hund-Beugen aber stellt für Kleinhunde einen erheblichen Stressfaktor dar, dem man entgegenwirken sollte. Generell sind Annäherungen von Fremden (und auch schon bekannteren Menschen) zur Gewinnung von Umweltsicherheit natürlich wichtig und sogar erwünscht, die Art und Weise muss jedoch so weit wie möglich vom Besitzer gelenkt werden. So sollte man Erwachsene als auch Kinder zunächst darum bitten, den Hund nicht auf den Arm zu nehmen, sondern sich zu ihm zu hocken und dabei möglichst nicht über ihn zu beugen, damit die Situation für das Tier keine Bedrohung darstellt. Bitten Sie auch darum, dem Hund den Moment der Annäherung und damit des Streichelns nach einer freundlichen Ansprache selbst zu überlassen. Gelegentlich kann man auch ein Hochnehmen gestatten, sollte dabei aber streng darauf achten, dass das Tier hier unbedingt zuvor die Initiative ergriffen hat, indem es freudiges Interesse an der Person zeigte. Keinesfalls darf der Hund regelmäßig dann hochgenommen werden, wenn er gerade mit etwas anderem beschäftigt ist, wie zum Beispiel dem eifrigen Beschnuppern einer bestimmten Stelle usw., damit das Tier die Annäherung von Menschen nicht mit Frust verbinden lernt. Übrigens: Gerade bei Kindern hat man nicht immer Zeit für lange Erklärungen, da sie oft bereits ganz impulsiv handeln, noch bevor man überhaupt Gelegenheit hatte, den Mund zu öffnen. Hier ist es ein bewährtes Mittel, ihnen zunächst ein deutliches „Stopp!" entgegenzurufen. Dies lässt sie in der Regel unvermittelt innehalten, und so bleibt Zeit, ihnen zu erklären, dass und warum sie sich dem Hund vorsichtig nähern sollen.

Für Kleinhunde und ihre Besitzer häufig ein Problem: Fremde, die sich ungefragt und übertrieben überschwänglich nähern.

Umweltsozialisation für den Kleinhundwelpen

Alle in der folgenden Checkliste genannten Maßnahmen sollten mit dem Kleinhund bis mindestens zur 20. Lebenswoche regelmäßig durchgeführt werden. Da viele Hunde jedoch während der Pubertät bis hin zum Erwachsenenalter, das grob gesprochen bei kleinen Hunden etwa mit ein bis zwei Jahren erreicht ist, noch einmal wichtige Lern- und häufig auch Unsicherheitsphasen durchlaufen, empfehlen sich regelmäßige Wiederholungen auch darüber hinaus. Viele Dinge werden allerdings ohnehin selbstverständlicher Bestandteil des gemeinsamen Lebens, weswegen extra anberaumte Zeiten hierfür oft gar nicht mehr erforderlich sein werden.

Übungsplan zur Umweltsozialisation

Was?	Wie?	Wie oft? Wie lange?
Positive Kontakte zu fremden Menschen	Um allen Menschen gegenüber eine freundliche und gelassene Haltung zu entwickeln, sind gezielte positive Kontakte zu Menschen außerhalb der eigenen Hauptbezugsgruppe erforderlich. Da Kleinhundwelpen fast schon automatisch den ständigen Wunsch nach Kontakt und Berührung auch bei fremden Menschen auslösen, muss man in der Regel kaum um eine Annäherung bitten, dafür aber streng auf das „Wie" der Kontaktaufnahme achten: Keinesfalls darf der Hund ständig hochgerissen werden! Auch regelmäßiges von oben „Über-den-Hund-Beugen" sollte vermieden werden. Bitten Sie Fremde daher darum, nach Möglichkeit in die Hocke zu gehen, dem Hund den Zeitpunkt der nahen Kontaktaufnahme zu überlassen und ihn am Boden zu streicheln. Bei Kindern, die oft ganz unvermittelt auf Kleinhunde zustürzen, kann ein deutliches Stopp!-Rufen den ersten Eifer bremsen und Zeit für eine Erklärung schaffen, wie man sich dem Hund sanft nähert. Insbesondere bei bellfreudigen Rassen und Hundeindividuen sollte man auf regelmäßige positive Kontakte zu Nachbarn und Briefträgern achten.	Mehrmals wöchentlich kurze Kontakte.
Größere Menschenmengen Fußgängerzonen Marktplätze	Damit der Kleinhund lernt, Menschenmengen nicht als Stressoren zu empfinden, sollte man regelmäßig Fußgängerzonen, Marktplätze u. Ä. aufsuchen. Sofern noch gefahrlos möglich, empfiehlt es sich, den Hund so oft wie möglich selbstständig laufen zu lassen. Wird das Gedränge zu groß, muss der Welpe getragen werden, wobei er aufgenommen werden sollte, bevor er Unsicherheitssignale zeigt. Auch das Getragenwerden in einer geeigneten Hundetasche kann und soll an solchen Orten geübt werden. Tipp: Nutzen Sie Bänke in Fußgängerzonen o. Ä., um dort Platz zu nehmen und den Welpen aus seinem natürlichen Blickwinkel in aller Ruhe die vielen Eindrücke aufnehmen zu lassen!	Zwei bis drei Mal wöchentlich, ca. 10 bis 20 Minuten.

Was?	Wie?	Wie oft? Wie lange?
Körperkontrolle/-pflege 	Der Welpe sollte regelmäßig sanft, aber bestimmt auf den Rücken gedreht werden und dabei zunächst nur wenige Sekunden ohne Protest liegen bleiben. Zappelt er, so halten Sie ihn weiter ruhig, aber bestimmt fest, ohne beruhigend auf ihn einzureden. In den ersten Tagen reichen wenige „Ruhesekunden" aus und Sie können den Hund mit einem kurzen Lob entlassen. Um es sich zu Beginn leichter zu machen, sollte man dies in der ersten Woche mit dem müden Welpen üben. Im weiteren Verlauf kontrollieren Sie regelmäßig Ohren, Augen, Zähne, Fell usw. immer ausführlicher und entlassen den Hund erst in einem Moment der Ruhe und Akzeptanz. Üben Sie von Anbeginn Bürsten und Pfotensäubern. Bei Kleinhunden mit pflegeaufwändigem Fell so früh wie möglich üben, dass es auch mal ziepen kann. Gewöhnung an Geräusch der Schermaschine nicht vergessen! Achtung: Legen Sie bei diesen Maßnahmen Wert darauf, dass sie nicht den Charakter einer Schmusestunde haben, sondern – zur besseren Vorbereitung auf Tierarzt- und Hundesalonbesuche – nüchtern und sachlich vor sich gehen.	In den ersten Wochen möglichst täglich; wird dies vom Welpen geduldig akzeptiert, reicht im weiteren Verlauf ein Mal pro Woche. Besuche im Hundesalon möglichst frühzeitig nur zum Kennenlernen, ebenso Tierarzt.
Ruhe halten auf dem Arm	Da der Kleinhund im Laufe seines Lebens häufig auf den Arm genommen wird (bei Untersuchungen oder wenn es einmal schnell gehen muss), sollte er von Anfang an lernen, sich hier ruhig zu verhalten. Dies lernt er, indem man jegliches Gezappel auf dem Arm gelassen ignoriert, den Hund sicher festhält und ihn prinzipiell nur dann wieder absetzt, wenn er keinerlei Unruhe mehr zeigt. Bitte achten Sie darauf, dass der Hund beim Hochnehmen nicht ständig aus einer Lieblingsbeschäftigung herausgerissen wird.	In den ersten Wochen ein Mal täglich mehrere Minuten. Später in den Alltag integrieren nach Bedarf.
Restaurant Café Biergarten	Kleinhunde sind in der Regel in Cafés und Restaurants gern gesehene Gäste, sofern sie sich ruhig verhalten und niemanden verbellen. Suchen Sie also nach einem kleinen Spaziergang regelmäßig eine Gaststätte auf, beachten den Hund aber während des Aufenthalts möglichst wenig bzw. nur dann, wenn er sich gerade unaufdringlich und ruhig verhält. Betteleien sollten komplett ignoriert werden. Für kälteempfindliche Naturen in den entsprechenden Jahreszeiten bitte an eine Hundetasche denken, die robusteren Vertreter können durchaus auf dem Boden warten. Stellen Sie, nachdem Sie Platz genommen haben, einfach den Fuß auf die Leine, sodass der Hund bequem sitzen, liegen oder stehen, aber nicht herumlaufen oder gar hochspringen kann.	Mindestens ein Mal die Woche, zu Beginn 20 bis 30 Minuten (im weiteren Verlauf auch länger).
Autofahren	Um Autofahren für den Kleinhund positiv zu besetzen, sollte am Ende der Fahrt ein angenehmes Erlebnis am besten in Form eines Spaziergangs stehen. Dabei reichen kurze Fahrten zum Waldrand o. Ä. völlig aus. Viele kleine Hunde entwickeln Aversionen gegen das Autofahren, weil nach der ersten, oft langen und als unangenehm empfundenen Autofahrt vom Züchter oder Erstbesitzer keine regelmäßigen Fahrten mit anschließendem Positiverlebnis mehr unternommen werden. Die Gewöhnung an das Autofahren jedoch ist für Kleinhunde besonders wichtig, da ihre Besitzer sie in der Regel überallhin mitnehmen möchten.	In den ersten ein bis zwei Monaten nach der Übernahme mehrmals die Woche kurze Fahrten zum Spazierweg.
Jogger Fahrradfahrer	Suchen Sie an der kurzen Leine Orte auf, an denen häufig mit Joggern und Radfahrern zu rechnen ist. Ist eine Bank in der Nähe, so nehmen Sie Platz und lassen den Hund zunächst einige passierende Jogger/Radfahrer bestaunen.	Mehrmals wöchentlich kurze Gänge von etwa 10 Minuten.

Was?	Wie?	Wie oft? Wie lange?
Verkehr	Führen Sie Ihren Hund an diesen Orten an der Leine spazieren und begegnen allen „Reizquellen" selbst gelassen und selbstverständlich. Erschrickt der Welpe, weil z. B. ein Radfahrer unvermittelt neben ihm auftaucht, so bedauern Sie ihn bitte nicht und grüßen stattdessen den Radfahrer usw. besonders freundlich. Jeder Ansatz zum Hinterherspringen oder Anbellen sollte sofort unterbunden werden (siehe Fuß auf die Leine, NEIN etc.).	Mehrmals wöchentlich kurze Gänge von etwa 10 Minuten.
	Der Kleinhund soll sowohl an ruhigen als auch an starken Verkehr gewöhnt werden. Daher sollte man an der Leine regelmäßig kurze Gänge auch an belebten Straßen vornehmen. Achten Sie bitte immer darauf, den Hund auf der Innen- und nie auf der Straßenseite zu führen, und verwenden auf keinen Fall eine Roll-Leine! Machen Sie keinen Bogen um große Lastwagen, Baumaschinen, Trecker, Müllautos, Straßenkehrmaschinen etc., sondern nutzen Sie diese Reizquellen, um Ihren Welpen umweltfest zu machen. Wird es zu eng, den Welpen besser kurz auf den Arm nehmen!	Mindestens drei Mal wöchentlich ca. 10 Minuten.
Geräuschquellen	Machen Sie Ihren Kleinhundwelpen auch mit lauten Alltagsgeräuschen vertraut, lassen in einiger Entfernung mal ein Buch, mal etwas Schepperndes fallen. Ganz wichtig ist die Gewöhnung an den Staubsauger, mit dem viele Kleinhunde ein Problem haben, sowie sonstige Haushaltsgeräte. Ignorieren Sie Unsicherheiten in der gewohnten Weise gelassen und souverän und wenden sich dem Hund immer erst dann zu, wenn er sich nach einem kurzem Schreckmoment aus eigener Überzeugung wieder beruhigt hat.	Mehrmals wöchentlich bis zur gelassenen Akzeptanz, behutsam anfangen und langsam steigern.
Busfahren	Beim Einsteigen sollte der Kleinhundwelpe auf den Arm genommen werden; sprungkräftige Hunde können im Laufe der Zeit – sofern kein Gedränge herrscht – ruhig auch allein einsteigen. Im Bus Platz nehmen und den Hund nach Möglichkeit auf den Boden setzen, damit er sich daran gewöhnt, auch bei der ungewohnten Bewegung die Balance zu halten.	Zwei Mal monatlich.
Bahnhof	Hier können Sie sich an einen Bahnsteig setzen und so lange bleiben, bis der Welpe Gelegenheit hatte, mehrere ein- und ausfahrende Züge auf sich wirken zu lassen. Je jünger der Welpe dabei ist, desto besser übrigens. Ist das Gewühl nicht zu groß, so nutzen Sie die ungewohnte Umgebung unbedingt aus, um den Kleinhundwelpen auf eigenen Füßen laufen zu lassen. Falls zeitlich möglich, empfiehlt sich auch eine kurze Bahnfahrt; den Hund vor dem Einsteigen unbedingt auf den Arm nehmen!	Zwei Mal monatlich einen Besuch am Bahnhof.
Brücken	Benutzen Sie bei Ihren Spaziergängen alle großen und kleine Brücken, die sich unterwegs anbieten, damit der Welpe die Welt aus verschiedenen Perspektiven kennenlernt.	So oft wie möglich in die täglichen Spaziergänge mit einbauen.
Aufzüge	Kann besonders gut bei Stadtbesuchen geübt werden, da jedes Park- oder Kaufhaus Aufzüge besitzt. Bei Gedränge auf den Arm nehmen! Ist der Aufzug nicht zu voll, unbedingt auch einmal absetzen!	Möglichst ein Mal wöchentlich.
Einkaufszentrum Flughafen	Ein besonders guter Ort, um Umweltsicherheit zu erlernen: glatte Böden, viele Menschen, künstliches Licht, ungewohnte Geräusche und Gerüche etc. Wiederum gilt: Je jünger der Welpe, desto besser; im dichten Gedränge den Welpen auf den Arm nehmen oder sich eine Bank am Rand suchen und den Welpen schauen lassen. Auch den Transport in der Hundetasche hier üben!	Möglichst mindestens drei bis vier Mal bis zur 16. Lebenswoche.

Was?	Wie?	Wie oft? Wie lange?
Verschiedene Böden	Der Kleinhundwelpe sollte mit möglichst verschiedenen Bodenflächen vertraut gemacht werden: Stein-, Holz-, PVC-Böden, glatte und raue Böden, Gitterroste (viel Geduld und Leckerli mitbringen, sehr schwierig!).	So oft wie möglich – jede Situation auf den täglichen Spaziergängen oder Sozialisations-gängen nutzen.
Treppen	Kleinhundwelpen können Treppenlaufen erst üben, wenn sie körperlich dazu in der Lage sind, was bei einigen Rassen und Individuen erst später der Fall sein kann. Doch generell sollten alle Welpen während der ersten Lebensmonate Treppen lediglich laufen, um diese kennenzulernen, und dazu genügen ein bis zwei Stufen am Stück völlig. Damit beugt man Gelenkerkrankungen durch Überbeanspruchung vor, kann aber dennoch gewährleisten, dass auch der kleine Hund Treppen als normal empfinden lernt. Dabei sollte er verschiedene Treppen (glatte, raue, offene usw.) kennen und bewältigen lernen. Freudiges Lob und Leckerchen sind obligatorisch. Auf Rolltreppen muss der Kleinhund prinzipiell auf den Arm genommen werden.	Sobald der Klein-hund körperlich weit genug ist, ein bis zwei Mal die Woche nicht mehr als ein bis zwei Stufen.
Artgenossen	Zur optimalen Sozialisierung ist der regelmäßige Besuch einer kon-trolliert geführten Welpenspielstunde, die jedoch nicht nach dem Motto „Die machen das schon unter sich aus" laufen darf, auch für den kleinen Hund direkt nach der Übernahme unerlässlich. In der anvisierten Wel-penspielgruppe muss der Kleinhundwelpe allerdings unbedingt ernst genommen und in seiner Besonderheit erkannt werden. Informieren Sie sich bereits vor dem ersten Besuch mit dem Hund, welche Einstel-lung dort zum Kleinhund herrscht. Will man Kleinhundwelpen in Spiel-gruppen angemessen betreuen, muss unbedingt genügend Personal anwesend sein. Sie sollten bis zum ersten Besuch einer Welpenspielgruppe nicht warten, bis der volle Impfschutz greift, denn dies ist erst ab ca. der 14. Lebenswoche der Fall. Was bis zu diesem Zeitpunkt jedoch in puncto Sozialisierung auf Artgenossen verpasst wurde, kann nie wieder aufge-holt werden. Seelische Schäden sind mit großer Sicherheit die Folge. Was den Kontakt zu Artgenossen außerhalb kontrollierter Spielstunden betrifft, so ist beim Kleinhund besonderes Augenmaß gefragt, das jedoch nicht in Hysterie umschlagen darf. Auch der Kontakt zu älteren sowie großwüchsigen, natürlich verträglichen Hunden – möglichst aller Altersstufen – ist wichtig. Je vielfältiger diese in Rasse oder Mischung und Größe sind, desto besser. Doch ist dringend darauf zu achten, dass es sich hierbei um wesensfeste Hunde handelt, die Welpen und Klein-hunde generell mögen oder deren eventuelle Zurechtweisungen immer angemessen ausfallen.	Möglichst täglich 10 bis 30 Minuten Hundekontakt mit verschiede-nen (kleinhund-verträglichen!) Hunden; Besuch einer kontrollierten Welpenspielgruppe mit Welpen der-selben Altersstufe mindestens einmal wöchentlich.
Weitere Tiere	Der Kleinhundwelpe sollte möglichst regelmäßig vielen anderen Tier-arten begegnen, die im menschlichen Alltag eine Rolle spielen oder spielen können, als da sind: ▸ Katzen, Kühe, Pferde, Schafe, Ziegen etc. ▸ Kleine Haustiere wie Kaninchen, Meerschweinchen (evtl. bei Nachbarn besuchen) ▸ Vögel (Tauben, Enten, Schwäne etc.) ▸ Wild, z. B. Rehe, Hasen, Wildschweine (Für alle hier aufgezählten Tiere gilt: Kapitel Antijagdtraining beachten!) Tipp: Manche Tierparks/Zoos erlauben auch das Mitbringen von Hunden an der Leine.	So oft, bis der Welpe diese Tiere nicht mehr als ungewöhnlich empfindet, mindes-tens das komplette 1. Lebensjahr. Bitte die Entwicklung von Jagdverhal-ten (siehe S. 164) beachten.

Umweltsicherheit für heranwachsende und erwachsene Kleinhunde

Auch der erwachsene, unsichere Kleinhund kann von den in der Checkliste aufgeführten Maßnahmen profitieren. Man muss dabei aber strikt darauf achten, dass der Hund durch Aufmunterung und eine gehörige Portion Leckerchen zwar gefordert und für Tapferkeit belohnt wird (bitte niemals Leckerchen für den unsicheren Hund, ohne dass dieser sichtbar eine bestimmte „Hürde" überwunden hat!), aber nie zu verängstigt ist, um nicht mehr lernen zu können. An Stress auslösende Situationen sollte der ältere Hund behutsam und mit langsamer Steigerung herangeführt werden. Bereits vorhan-

Es fällt schwer, den unsicheren Kleinhund nicht zu bedauern, ist aber dennoch die richtige Strategie.

dene Unsicherheiten des Tieres dürfen keinesfalls durch den Menschen verstärkt werden. Von den Auswirkungen einer mitleidigen, bedauernden Haltung sprachen wir bereits, diese muss auch hier unbedingt unterlassen werden. Möchte man einen umweltsicheren Kleinhund haben, für den seine Umgebung von Freude und nicht von Stress geprägt ist, so muss man eine souveräne und sichere Haltung allen Umwelteinflüssen gegenüber ausstrahlen und vorleben. Damit der kleine Hund umweltsicher werden und auch bleiben kann, benötigt er außerdem klare Strukturen (siehe ab S. 81). Nur wenn er sich seiner nächsten Umgebung, und diese bilden nun einmal die Besitzer, durch klare und verständliche Ver- und Gebote sicher sein kann, diese also als zuverlässige Führungspersönlichkeiten kennenlernt, kann er auch schwierige Alltagssituationen souverän meistern. Erlebt der Kleinhund seine Besitzer vor allem als weiche Spender von „Verwöhnaroma", so fehlt ihm ein standhaftes

Vorbild, an dem er sich im Falle eines Falles „festhalten" kann. Hinzu kommt die Gefahr, dass er sich ohne klare Regeln innerhalb des Hauses zu einem Tyrannen entwickelt, außerhalb jedoch ängstlich und unsicher wirkt, da hier zu viel auf ihn einströmt und ihm gleichzeitig eine souveräne Persönlichkeit an seiner Seite fehlt.

Umweltsicherheit und Sonderrechte

Sehr häufig beginnen solche Hunde dann sogar bestimmte Vorrechte, die sie zu Hause genießen oder aus einer sehr verwöhnenden Haltung des Menschen ableiten, zu verteidigen. Dies ist oft ein Indiz dafür, dass der Kleinhund mit den ihm gewährten Privilegien gar nicht umgehen kann. Ein umwelt- und selbstsicherer Hund hat keine Angst davor, eventuelle Privilegien wieder zu verlieren, und muss sie daher auch nicht aggressiv verteidigen. Somit sind Erziehung und klare Vorgaben für den Erwerb einer gelassenen Selbstsicherheit beim Kleinhund von großer Bedeutung und sollten Bestandteil einer verantwortungsvollen Kleinhundehaltung sein.

Vernachlässigt man das Aufstellung konsequenter und verständlicher Regeln bei dem größeren Hund, so leidet vor allem auch der Mensch, da die Auswirkungen für diesen deutlich spürbarer sind und durch Anfeindungen der Umgebung noch zusätzlich verstärkt werden. Eine Vernachlässigung diesbezüglich beim kleinen Hund spürt der Mensch selbst weit-

Kleinhunde haben in der Regel außerordentlich engen Kontakt zu ihren Menschen. Daraus können aber auch Probleme entstehen.

aus weniger. Sie geht in erster Linie zulasten des Hundes, der mit einem zu nachgiebigen Besitzer an seiner Seite oft kein sicheres Verhalten seiner Umgebung gegenüber entwickeln kann und somit regelmäßig vermeidbaren Stress erleben muss. Ist der erwachsene Kleinhund seiner Umwelt gegenüber zu stark verunsichert oder gar aggressiv und der dazugehörige Besitzer ratlos, so sollte man sich in die Hände einer erfahrenen Hundeschule begeben.

Spielstunden für den Kleinhund

Kleinhunde sind nach der Herausnahme aus dem Wurf und der Trennung von ihren Geschwistern ebenso wie größere Hunde einem innerartlichen Kontaktabbruch ausgesetzt, den es aufzufangen gilt. Denn damit ein Kleinhund im Umgang mit Artgenossen sozial sicheres Verhalten zeigen kann, sind weitere positive Kontakte zu anderen, möglichst unterschiedlichen Vierbeinern unabdingbar. Dies gilt vor allem für den Welpen und den Junghund, die ein solides Sozialverhalten zu ihresgleichen nur durch regelmäßige, positiv verlaufende Begegnungen innerhalb eines klar umrissenen Zeitfensters (von der 8. bis ca. 16./20. Lebenswoche) entwickeln. Aber auch der ausgewachsene, seelisch gesunde Kleinhund hat an Kontakten zu anderen Hunden in der Regel sehr viel Freude, die ihm nicht verwehrt werden sollte. Leider jedoch hat man es

Kleinhundewelpen sollten bis zu einem bestimmten Alter in Spielstunden nicht nur unter ihresgleichen sein.

Vom kontrollierten Umgang auch mit Welpen größerer Rassen profitieren alle Beteiligten.

als Kleinhundbesitzer oft schwer, geeignete Spielpartner für den eigenen Hund zu finden, umso mehr, wenn dieser noch im Welpen- oder Junghundealter ist. Da man auf den täglichen Spaziergängen viel zu selten auf passende Hunde trifft, empfiehlt sich der Besuch einer Spielstunde dringend, und zwar für den Welpen, den Jung- sowie den erwachsenen Hund. Neben den so wichtigen Fähigkeiten zur sozialen Kommunikation mit anderen Vierbeinern erfährt gera- de der heranwachsende Hund hier auch eine spielerische Förderung seiner Motorik, seiner Sinnesorgane und seines Muskelwachstums.

Was die Spiel- stunde bieten muss

Dennoch muss man dem Besuch einer Spielstunde mit dem Klein- hund ein dickes „Aber" voranstellen, denn Spielstunde ist nicht gleich Spielstunde, und nicht jede ist für den kleinen Hund geeignet. Daher empfiehlt es sich, erst einmal einen Besuch ohne Vierbeiner vorzunehmen. So hat man mehr Ruhe, alles genau zu beobachten und – ganz wichtig – zunächst einmal die Einstellung der Spielleiter zur Integration von Kleinhunden in Spielgruppen zu erfragen. Für den älteren Kleinhund sollten spezielle Kleinhundspielstunden ange- boten werden, bei denen alle Hunde unter Kniehöhe unter sich sind.

Einige etablierte Hundeschulen bieten solche speziellen Kleinhundspielstunden mittlerweile an, und sobald Sie einmal an einer solchen Spielstunde teilgenommen haben, werden Sie erleben, dass sich eine eventuell etwas weitere Anfahrt auf jeden Fall lohnt. Während Kleinhunde in herkömmlichen größen gemischten Spielgruppen häufig überhaupt nicht spielen, sondern eher überrannt werden oder gar Opfer von Mobbing-Attacken sind, leben sie in eigenen Gruppen regelrecht auf. In unseren wöchentlich stattfindenden Kleinhundspielgruppen für erwachsene Hunde toben die „Kleinen" derart herzerfrischend und angstfrei miteinander, dass ihre Besitzer immer wieder erstaunt äußern, den eigenen Hund so noch nie erlebt zu haben.

Der Welpe ist nach der Übernahme vom Züchter in seiner Verhaltensentwicklung noch lange nicht fertig.

Welpen und Junghunde benötigen dringend Kontakte zu gleichaltrigen Hunden derselben Entwicklungsstufe, mit denen sie gemeinsam so wichtige Dinge wie die Beißhemmung erlernen können. Daher sollten Kleinhundwelpen auf jeden Fall einen speziellen Welpenspielkreis besuchen, in den in der Regel keine älteren Tiere über 16 Wochen integriert sind. Sofern dieser Spielkreis kontrolliert (siehe unten) geführt wird, ist es nicht nötig und auch gar nicht erwünscht, dass er nur aus Kleinhundwelpen besteht, denn der Kleinhund muss in dieser Phase lernen, dass es verschiedenst aussehende Vertreter seiner Art gibt und eben auch solche, die größer sind als er.

Generell jedoch sollte die Spielgruppe, die Sie für Ihren Kleinhund, egal welchen Alters, ins Auge fassen, ganz bestimmten Qualitätsanforderungen entsprechen, damit sie ihren Sinn überhaupt erfüllen kann. Man mag es kaum glauben, aber immer noch laufen Spielgruppen zum Teil völlig unkontrolliert. Die zahlenmäßig oft zu großen Gruppen sind weder alters- noch größengetrennt, die Hunde werden weitgehend sich selbst überlassen. Da bekommen Draufgänger jede Menge Gelegenheit, sich ihres Draufgängertums zu versichern, wohingegen ängstliche und auch kleine Hunde mit dem Hinweis „Die machen das schon untereinander aus" sich noch unsicherer machen lassen müssen, weil ihnen schlicht – aufgrund fehlender Körpergröße oder mangelndem Selbstbewusstein – die Möglichkeiten fehlen, einem zu wilden Artgenossen angemessen Paroli zu bieten. Als Kleinhundbesitzer sollte man von derart „geführten" Spielgruppen unbedingt die Finger lassen. Die Gefahr, dass der Kleinhund hier physischen sowie psychischen Schaden nimmt, ist groß.

Bei der passenden Spielgruppe ist zunächst einmal eine überschaubare Anzahl an Hunden wichtig, die von erfahrenen Leitern ständig beobachtet und kontrolliert werden. Dazu benötigt man genügend Personal, vor allem, wenn an Welpenspielstunden auch Kleinhundwelpen teilnehmen. Wichtig ist auch der Umgang mit Angst, denn häufig reagieren Kleinhunde verunsichert, wenn sie als Neuankömmling in der Spielstunde von den anderen Hunden „bestaunt" werden oder ein körperlich stärkeres Tier an ihnen seine Kräfte erproben möchte. Dass Angst nicht durch Zuwendung oder gar Bedauern verstärkt werden darf, wurde schon als generelles Kommunikationsprinzip erläutert, welches auch in der Spielgruppe gelten muss. Hier nun sollte stattdessen nach dem Prinzip „Schutz des Schwächeren durch Kontrolle des Stärkeren" verfahren werden. Dabei reicht es oft aus, den Draufgänger kurz hochzunehmen (das ist natürlich nur in reinen Welpenspielstunden und speziellen Kleinhundspielstunden für ältere Tiere möglich!) und kurz darauf an anderer Stelle wieder abzusetzen, damit er sich einen für den Moment geeigneteren Spielpartner suchen kann. Da es auch unter den Kleinhunden Vertreter

Fehlt ihm diese Lernerfahrung, sind spätere Verhaltensauffälligkeiten anderen Hunden gegenüber höchst wahrscheinlich.

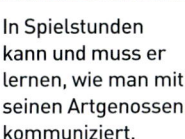

In Spielstunden kann und muss er lernen, wie man mit seinen Artgenossen kommuniziert.

gibt, die zur Übertreibung neigen, profitieren auch diese von einer solchen kontrollierten Vorgehensweise durch den Menschen, da ihnen so die Möglichkeit genommen wird, sich zu notorischen Draufgängern und Raufbolden zu entwickeln. Das Eingreifen der Spielgruppenleiter sollte situationsangemessen und abgestuft erfolgen, wozu allerdings viel Erfahrung erforderlich ist. Optimalerweise gibt es ein kleines Ausweichgelände, auf dem sehr schüchterne Kleinhunde außerhalb der eigentlichen Spielgruppe zunächst einmal mit ein bis zwei ausgewählten anderen Hunden, die freundlich und sozial sind, unter Aufsicht ihre Anfangsschwierigkeiten überwinden können.

Erwachsene Kleinhunde sind in speziellen Kleinhundspielstunden am besten aufgehoben.

Wie man die passende Spielstunde findet

Auch wenn es Ihnen im Moment evt. recht schwer erscheinen mag, eine Gruppe zu finden, die den genannten Kriterien entspricht, so lohnt sich der Aufwand der Suche unbedingt. Klären Sie am besten bereits am Telefon, nach welchen Gesichtspunkten man Kleinhunde in Spielstunden integriert, so sparen Sie sich überflüssige Wege. Fahnden Sie im Internet, in der regionalen Tagespresse sowie auf Aushängen beim Tierarzt. Besonders lohnenswert kann eine Nachfrage in den Hundesalons der Umgebung sein. Da Kleinhunde hier das Hauptklientel bilden, weiß man mit Sicherheit von speziellen Spielgruppen für kleine Hunde, sofern es solche in der Gegend gibt. Auch ein Anruf bei speziellen Kleinhundverbänden kann Sie bei der Suche nach einer kontrolliert geführten Spielstunde für Ihren Kleinhund weiterbringen. Scheuen Sie sich dabei nicht davor, dass Ihr Kleinhund evt. einer anderen Rasse angehört oder ein Mischling ist.

Kurz gefasst
Spielstunden für den Kleinhund

Damit der Kleinhund Artgenossen gegenüber ein solides und sicheres Verhalten entwickeln kann, sollte man den Aufwand, eine kontrolliert geführte Spielgruppe zu suchen, durchaus auf sich nehmen. Die Gruppen sollten nie zu groß und mit ausreichend Personal bestückt sein. Die Leiter sorgen dafür, dass jeder Hund die Möglichkeit einer gesunden Entwicklung erhält, und greifen bei zu stürmischen Aktionen regulierend ein. Für ältere Kleinhunde empfehlen sich spezielle Kleinhundspielgruppen.

Die Suche nach einer Kleinhundspielstunde lohnt sich. Dort blühen die „Kleinen" häufig regelrecht auf.

Mit dem Kleinhund in die Hundeschule?

Prinzipiell ist der Besuch einer Hundeschule auch für den Kleinhund und seinen Besitzer empfehlenswert. Viele Kleinhunde zeigen
ganz spezifische Verhaltensmuster, die aus unbewussten menschlichen Erziehungs- und Kommunikationsfehlern resultieren. Diese,
vor allem für das Tier selbst, unangenehmen Folgen aber können
mit erfahrener Hilfe von außen vermieden wer-
den. Der Besuch einer Hundeschule sollte auch
mit Blick auf die Rassezugehörigkeit des Hundes erwogen werden. Die Terrierfraktion unter
den Kleinhunden benötigt unbedingt eine konsequente Erziehung, ebenso die Teckel und
sonstige ehemalige Arbeitshunderassen, da bei
zu laxer Haltung Aggressivität gegen die eigenen Besitzer, übertriebenes Territorialverhalten
sowie unkontrollierbares Abhauen auf Spaziergängen die Folgen sein können. Bei der Suche
nach der passenden Hundeschule sollte man
darauf achten, dass dort Kleinhunderfahrung
in ausreichendem Maße vorhanden ist und die
Trainer flexibel genug sind, individuell auf die
speziellen Wünsche oder Probleme von Kleinhund nebst Besitzer einzugehen. Es gibt
immer wieder Kleinhundbesitzer, die uns bei

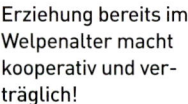

Erziehung bereits im
Welpenalter macht
kooperativ und ver-
träglich!

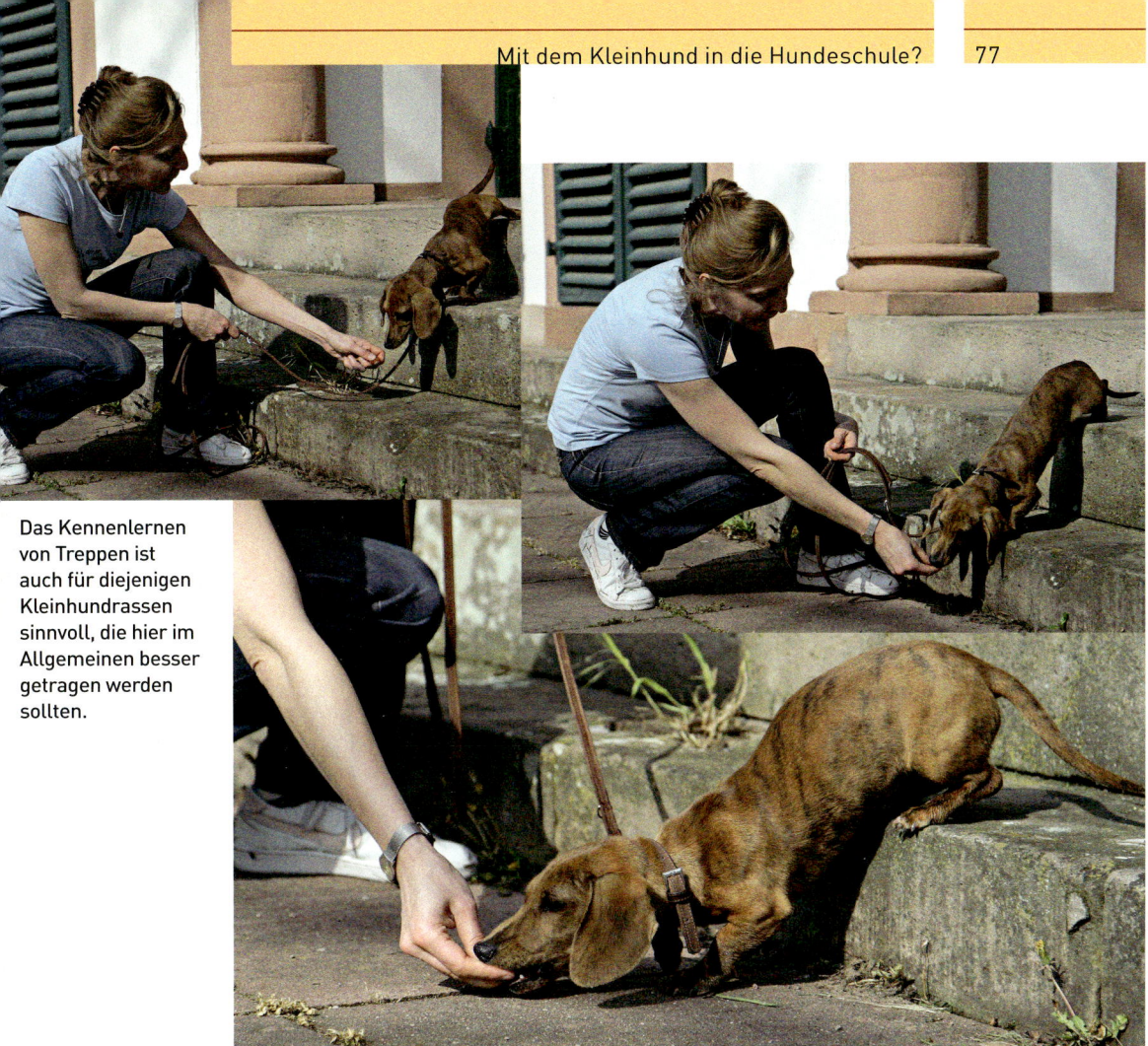

Das Kennenlernen von Treppen ist auch für diejenigen Kleinhundrassen sinnvoll, die hier im Allgemeinen besser getragen werden sollten.

Info
Darf der Kleinhund Treppen laufen?

Bei dieser Frage müssen die körperlichen Möglichkeiten des Hundes oberste Prämisse sein. Viele Kleinsthunde sind als Welpen oder Junghunde nicht in der Lage, Treppenstufen zu überwinden, und sollten dazu natürlich keinesfalls genötigt werden. Da jedoch oft eine mangelnde Gewöhnung an Treppen die Ursache für Unsicherheiten ist, empfiehlt sich eine vorsichtige Heranführung, sobald das Tier körperlich dazu in der Lage ist. Hierbei geht es allerdings nur darum, dass der Hund Treppen kennenlernt; keinesfalls soll er – und das gilt für alle Kleinhunde, die länger sind als hoch – Treppen generell selbst laufen. Für das Kennenlernen reicht die gelegentliche Überwindung von ein bis zwei Stufen am Stück völlig aus, dabei sollte ausschließlich mit aufmunternden Worten und Leckerchen, nie aber mit Zwang gearbeitet werden. Will der bereits erwachsene Hund Treppen partout nicht laufen, kann man ihn natürlich tragen, sollte aber mithilfe eines Experten ein spezielles Training zur Überwindung dieser Ängste in Angriff nehmen.

Das Hochspringen ist eine Verhaltensweise, die man dem Hund nur dann abgewöhnen kann, wenn man sie selbst tatsächlich als störend empfindet.

dem Aufnahmegespräch oder im Unterricht sagen, dass sie auf klassische Übungen wie **SITZ** oder **PLATZ**, gar noch bei unangenehmen Temperaturen, keinen Wert legen und lieber an anderen Dingen, wie etwa der Leinenpöbelei, dem Kommen oder dem ordentlichen Benehmen im Restaurant arbeiten möchten. Da wir seit Jahren die Erfahrung machen, dass eine individuelle Herangehensweise am besten im Einzelunterricht zu realisieren ist, halten wir auch diesen für den kleinen Hund und seinen Besitzer am passendsten. Klassische Erziehungsübungen wie **SITZ**, **PLATZ** und **FUSS** hingegen können in der Gruppe durchaus erlernt und trainiert werden. So hängt also die Form des zu wählenden Unterrichts eng damit zusammen, welches Ergebnis man erzielen möchte und ob man die vermittelten Inhalte überhaupt benötigt.

Eine gute Hundeschule orientiert sich auch beim Kleinhund und seinem Menschen immer am Notwendigen und Machbaren. Problematisch kann der Gruppenunterricht für den Kleinhund übrigens dann werden, wenn auf sein individuelles Kälteempfinden bei langen **SITZ**- oder **PLATZ**-Übungen keine Rücksicht genommen, er in Freilaufpausen unkontrolliert überrannt oder gar gemobbt wird oder sich größere, aggressive Hunde in der Gruppe befinden.

Info
Und was ist mit dem Hochspringen?

Beim kleinen Hund ist es lange nicht so unangenehm wie beim großen: das Hochspringen. Und genau das ist auch der Grund, warum es so schwer ist, dem Kleinen dies abzugewöhnen. Empfohlen wird hier heutzutage das Ignorieren als modernes Erziehungsmittel: Hund springt hoch, Mensch wendet sich abrupt vom Hund weg und vermeidet jeglichen Blickkontakt. Erst wenn der Hund mit allen vier Pfoten wieder auf dem Boden steht, soll eine Kontaktaufnahme erfolgen. Diese durchaus sinnvolle Vorgehensweise scheitert beim Kleinhund jedoch in der Regel an der banalen Realität des Alltags. Ein hochspringender kleiner Hund wird in seinem Wunsch nach Nähe einfach als zu putzig empfunden, als dass man seiner Umwelt gegenüber die Bitte, das Hochspringen wie beschrieben zu ignorieren, durchsetzen könnte. (Selbst müsste man dabei natürlich auch hundertprozentig konsequent sein!) Die positive Aufmerksamkeit, die der Kleinhund, wenn er am Menschen hochspringt, so gut wie immer erfährt, lässt das Tier zu der Überzeugung gelangen, sein Verhalten sei erfolgreich und erwünscht. Daran können auch gelegentliche Abweisungen nichts ändern.

Die freudige Haltung des Menschen bewirkt hier eine Verstärkung des gezeigten Verhaltens.

Besonderheiten bei der Erziehung

Strukturfördernde Erziehung

Was bedeutet strukturfördernde Erziehung?

Die Frage, warum die Erziehung von Kleinhunden Besonderheiten enthält oder etwa eine andere sein könnte als die größerer Hunde, ist berechtigt und drängt sich in Anbetracht der Überschrift dieses Kapitels auf. Denn natürlich besitzen kleine Hunde – wir gehen hier von normal geprägten Tieren aus – dieselbe Lernfähigkeit wie ihre größeren Artgenossen und können bei Laissez-Faire-Behandlung und übertriebenem „Verwöhnaroma" dieselben Macken entwickeln wie alle anderen Vierbeiner auch. Erfahrungsgemäß ergeben sich nun diese Besonderheiten unserer Meinung nach aus dem speziellen Verhältnis zwischen Mensch und Kleinhund, bei dem der Erstgenannte häufig einfach weniger Wert auf klassische Erziehungsübungen wie **SITZ**, **PLATZ**, **FUSS** legt und ebenso dem sofortigen Kommen auf Zuruf toleranter gegenübersteht als der Besitzer eines größeren Hundes. Auch die Einräumung gewisser Privilegien zu Hause, das lehrt uns nicht nur unsere Hundeschulpraxis, sondern auch die Erfahrung mit den eigenen Kleinhunden, ist einfach selbstverständlicher. Da jedoch auch der gut erzogene Kleinhund sowohl sich selbst als auch seiner Umgebung mehr Freude macht, sollte man alle nur möglichen Kommunikationssituationen des Alltags nutzen, um jenseits der klassischen Erziehungsübungen im positiven Sinne erzieherisch auf den Hund einzuwirken. Wir möchten diese Form von Erziehung als ganzheitliche oder strukturfördernde Erziehung bezeichnen, was nichts anderes meint als eine

Strukturfördernd zu erziehen beinhaltet das deutliche Setzen von Tabus sowie das Ignorieren von Aufmerksamkeitsheischereien.

Strukturfördernde Erziehung findet in allen möglichen Situationen des Alltags statt.

konsequente und eindeutige Form der Kommunikation, die den Hund deswegen erzieht, weil sie den ganzen Tag stattfindet und alle Bereiche berührt, die im Zusammenleben mit dem kleinen Hund ganz generell eine Rolle spielen. Bitte beachten Sie an dieser Stelle auch, dass die bereits gegebenen Hinweise zum Thema Umweltsicherheit, Umgang mit Angst usw. bezüglich strukturfördernder Erziehung bzw. Kommunikation ebenfalls eine enorm große Rolle spielen! Sinnvolle Erziehung muss immer ganzheitlich ansetzen, was bedeutet, dass sie sich weder auf das isolierte Einüben bestimmter Hörzeichen noch auf eine rein punktuelle Tabusetzung, die nur menschliche Maßstäbe berücksichtigt, beschränken darf. Und so sollen in dem folgenden Kapitel alle Bereiche, die im täglichen Umgang mit dem Kleinhund eine Rolle spielen, im Hinblick auf ihr ganzheitliches erzieherisches Potenzial beschrieben und nutzbar gemacht werden. Neben der Beschreibung, wie der Kleinhund ein sogenanntes Abbruchsignal erlernt, möchten wir außerdem eine vernünftige und vom Menschen kontrollierte Zuweisung von Privilegien vorstellen, die ein wesentlicher Bestandteil der ganzheitlichen und strukturfördernden Erziehung ist. Doch auch die klassischen Erziehungsübungen kommen am Ende des Kapitels zu ihrem Recht; gerade bei Terriern, Dackeln und sonstigen Arbeitsrassen unter den Kleinhunden sollte man auf diese keinesfalls verzichten.

Im Spiel kann der Hund lernen, dass sein Mensch spannende Beschäftigung, aber auch Regeln bietet.

Wichtige Grundprinzipien der Kommunikation

Positives Verstärken, Korrigieren, Ignorieren

Die nun folgenden Abschnitte möchten dem Kleinhund in allen wesentlichen Bereichen des täglichen Zusammenseins das Erlernen einer sozialverträglichen Etikette ermöglichen, die seinem Wesen durch eine klare und verständliche Vorgehensweise des Menschen zu Sicherheit und eindeutiger Selbsteinschätzung verhilft.

Bevor dies anhand typischer Alltagssituationen gezeigt werden soll, zunächst einige Bemerkungen zu den Grundprinzipien einer strukturfördernden Kommunikation mit dem Hund.

Die Verstärkung eines bestimmten, erwünschten Verhaltens erreicht man durch Aufmerksamkeit in Form von freudigem Lob, Leckerchen, Spiel usw. Dabei ist vor allem der Zeitpunkt der Zuwendung von allergrößter Bedeutung. Man spricht in diesem Zusammenhang auch von der sogenannten „Zwei-Sekunden-Regel". Diese besagt, dass zwischen dem gezeigten Verhalten des Hundes und der Verstärkung durch beispielsweise Leckerchen, Streicheln usw. keinesfalls mehr als die genannte Sekundenzahl verstreichen darf, sofern man möchte, dass der Hund die Belohnung (in welcher Form auch immer) noch mit seiner Handlung in Zusammenhang bringt. Da

Möchte man hier die Zwei-Sekunden-Regel einhalten, muss der Hund die Belohnung für das Hergeben des Spielzeugs sofort erhalten.

man von maximal zwei Sekunden ausgehen muss, ist es in der Regel noch sinnvoller, die Handlung des Hundes zu belohnen (und damit zu verstärken), während er sie zeigt, also in die Handlung „hinein-zureagieren". Am Beispiel des Kommens hieße dies, den Hund bereits durch freudiges Lob zu belohnen, während er auf den Menschen zuläuft (siehe ab S. 154); beim Erlernen der **PLATZ**-Übung etwa wäre die Verstärkung angebracht, sobald der Hund auf dem Boden zum Liegen kommt.

Möchte man über stimmliches Lob verstärken, so ist ein freudiger Tonfall obligatorisch, dem der Hund die Freude über sein Verhalten auch „ablesen" kann. Doch sollte gerade bei der stimmlichen Verstärkung auch auf Angemessenheit geachtet und in unterschiedliche Skalen unterteilt werden: Dinge, die dem Tier leichtfallen, muss man nicht in den höchsten Tönen „bejubeln". Denn da ein Unterschied besteht zwischen beispielsweise einem **SITZ** ohne Ablenkung und einem Herankommen unter Ablenkung, sollte eben dieser Unterschied auch über die Stimme transportiert werden.

Möchte man ein bestimmtes Verhalten – und das empfiehlt sich unbedingt – durch positive Verstärkung formen und etablieren, so ist außerdem eine regelmäßige Belohnung unabdingbar. Dies gilt so lange, bis der Hund das gewünschte Verhalten zuverlässig erlernt hat und zeigt. Danach sollte man zu einer variablen Verstärkung, das heißt gelegentlichen Belohnung, greifen, die zur Aufrechterhaltung völlig ausreicht und in diesem Stadium sogar wesentlich produktiver ist als eine ständige Belohnung.

Passen Sie beim Lob Ihren Tonfall an den Schwierigkeitsgrad des Geforderten an.

Konstruktive, positive Verstärkung

Möchte man Verhaltensweisen durch die Gabe von Leckerchen verstärken, so muss man neben dem bereits Gesagten beachten, dass der Hund außerhalb dieser konkreten Situationen keine (oder nur sehr selten) Leckerchen für „Nichtstun" oder „Putzig-Sein" erhält. Ansonsten führt man die Verstärkung von konkreten Verhaltensweisen durch Leckerchen geradezu ad absurdum, da der Hund keine Gelegenheit erhält, unterscheiden zu lernen.

Beachtet man seine Hunde stärker als seinen Gast, so verstärkt man aufdringliches Verhalten in Besuchssituationen ganz immens.

Das Phänomen der Verstärkung eines bestimmten Verhaltens durch Zuwendung kann leider sehr schnell noch weitere negative und unerwünschte Ergebnisse bringen. Wie an früherer Stelle bereits erwähnt, erhält der Kleinhund oft Zuwendung in Situationen der Unsicherheit oder gar Aggressivität. Auch bestimmte Verhaltensweisen, die beim Kleinhund belächelt werden, können durch eben diese unbewusste Form der Verstärkung überhaupt erst zu einer Etablierung gelangen. Daher muss man sich immer klarmachen, dass Verstärkung durch Zuwendung nicht immer positiv ist und – ganz im Gegenteil – oftmals die Entstehung und Festigung unerwünschter Verhaltensweisen erst möglich macht.

Soll ein bestimmtes Verhalten des Tieres korrigiert oder besser gesagt abgebrochen werden, so müssen ebenfalls die entsprechenden Kommunikationsregeln gekannt und beachtet werden. So muss der Hund zunächst einmal die Gelegenheit bekommen, zu lernen, was mit einem Korrekturwort, wie zum Beispiel **NEIN**, überhaupt gemeint ist, bevor man es schließlich anwenden kann. Daher sollte

Der Kleinhund, der lernt, dass er auch einmal ignoriert wird, sobald Gäste im Haus sind ...

man das Erlernen eines solchen „Abbruchsignales" (siehe S. 120) aus Fairness dem Tier gegenüber unbedingt konsequent in Angriff nehmen. Zusätzlich darf man auf keinen Fall willkürlich vorgehen und ein bestimmtes Verhalten lediglich ab und an aus rein subjektiven Gründen des Ärgers oder Schmerzes korrigieren. Dies nämlich führt beim Hund zu nichts anderem als – je nach Persönlichkeit – zur Verunsicherung oder Ignoranz.

Ein Beispiel

Der Kleinhund soll lernen, beim Spiel mit seinem Menschen nicht in Körper- oder Kleidungsteile zu zwicken. Dass dies generell ein Tabu ist und nicht nur, wenn er gerade einmal etwas zu fest – und sei es noch so spielerisch – zugezwickt hat, kann das Tier nur lernen, wenn der Mensch auch jedes Mal in der gleichen und berechenbaren Form reagiert: Deutliches **NEIN** verbunden mit sofortigem Spielabbruch, und zwar jedes Mal nach dem Motto „Wehret den Anfängen"! Diese Regelmäßigkeit und damit Berechenbarkeit ist bei der Korrektur aller unerwünschter Verhaltensweisen unverzichtbar. Was den Zeitpunkt einer Korrektur betrifft, so gelten auch hier dieselben Regeln wie innerhalb der positiven Verstärkung, denn Verhalten kann nur abgebrochen und somit – was Ziel der Sache ist – verändert werden, wenn es auch tatsächlich gerade gezeigt wird! Ein weiteres Mal also muss in die Handlung des Hundes „hineinreagiert" werden. Warum verspätete Korrekturmaßnahmen nicht nur sinnlos, sondern sogar schädlich sind, wird weiter unten („Der hat doch ein schlechten Gewissen!") erläutert.

Ignorieren

Das Ignorieren bestimmter Verhaltensweisen zu deren Löschung wird häufig als das Nonplusultra in der Hundeerziehung betrachtet. Hierbei wird der Hund bei einer bestimmten Handlung in keinster

Der Fuß auf der Hausleine hilft hier ganz ohne Worte, Aufdringlichkeiten des Hundes zu unterbinden.

... wird seine ganze Anpassungsfähigkeit entwickeln lernen.

Weise beachtet und erhält weder Blickkontakt noch Ansprache. Tatsächlich kann das Ignorieren unter gewissen Bedingungen sehr gute Dienste leisten und sollte daher, allerdings wohlüberlegt, innerhalb einer strukturfördernden Kommunikation mit dem Hund Anwendung finden. Klug eingesetzt ist Ignoranz ein hervorragendes Mittel, die Schlüsselposition des Menschen zu unterstreichen und völlig gewaltfrei erzieherisch positiven Einfluss zu nehmen. Um dem Tier keine ständige freie Verfügbarkeit des Menschen zu suggerieren, die zu einer völligen Fehleinschätzung hinsichtlich einer gesunden Bedürfnisbefriedigung führen kann, eignet sich dieses Prinzip besonders gut für aufmerksamkeitsheischendes Verhalten und Betteleien. Gerade beim Betteln jedoch muss es mit hundertprozentiger Konsequenz durchgezogen werden. Verfährt man hier „heute so" und „morgen so", lernt der Hund lediglich seine Anstrengungen zu verdoppeln, weil sie zu einem bestimmten Zeitpunkt garantiert zum Erfolg führen. Erzieherisch sinn-, weil erfolglos und zuweilen sogar schädlich kann es sein, Handlungsweisen zu ignorieren, die den Hund selbst oder seine Umgebung gefährden oder von selbst belohnendem Charakter sind.

Beispiele

Der Hund bellt regelmäßig, wenn der Postbote kommt oder Nachbarn an der Wohnungstür vorbeilaufen. Mehrmals am Tag erlebt er, dass sein Handeln, hier das Bellen, von Erfolg gekrönt ist, da sich sowohl der Briefträger als auch die Nachbarn wieder von der Tür ent-

Das Verfolgen von Joggern, Radfahrern usw. kann man durch bloßes Ignorieren nicht abstellen.

fernen. Dass sie dies ohnehin getan hätten, ist für den Hund dabei nicht von Belang. Somit stellt dieser Erfolg seiner Handlung für den Hund eine Belohnung und damit Verstärkung dar. Er hat keinen Grund, in Zukunft von seinem Bellen ablassen, nur weil es von seinem Besitzer ignoriert wird (zur Eindämmung übertriebenen Belleifers weiter unten mehr). Ein anderes Beispiel: Der Hund jagt Hasen o. Ä., verfolgt Jogger, Radfahrer usw. Auch hier ist in letzter Zeit immer wieder zu hören, man solle diese Handlungsweise des Hundes ignorieren, was an dieser Stelle aber ebenfalls nicht nur ungeeignet ist, um eine Verhaltensänderung hervorzurufen, sondern dem Hund (und auch anderen!) unter Umständen auch noch gefährlich werden kann. Zusammenfassend heißt dies, dass das Prinzip des Ignorierens vor allem dann von großem Wert ist, wenn weder der Hund noch ein anderes Lebewesen gefährdet wird und das Tier durch diese Erziehungsmaßnahme sein Verhalten zumindest mittelfristig unterlässt.

Ernährung aus erzieherischer Sicht

Futter ist für Hunde nachvollziehbarerweise von existenzieller Bedeutung; dies gilt auch für solche, die wenig verfressen oder gar – was in der Regel anerzogen ist – recht wählerisch sind. Es soll an dieser Stelle weniger darum gehen, welches Futtermittel für das Tier das beste ist. Es gibt mittlerweile sehr hochwertige und sogar nach kontrolliert biologischen Richtlinien erzeugte Futtermittel für Hunde aller Altersstufen (auch mit Allergien und Unverträglichkeiten) im Fachhandel, bei denen man sich keine Gedanken mehr machen muss, ob diese auch tatsächlich den ernährungsphysiologischen Anforderungen entsprechen. Im Gegenteil: Für ein gesundes Tier können zusätzliche Anreicherungen ohnehin schon hochwertiger Futtersorten äußerst schädliche Auswirkungen auf den Organismus haben; dasselbe gilt für Hochleistungsfutter, das auch temperamentvolle Hunde keinesfalls benötigen – im Gegenteil: Eine zu energiereiche Ernährung führt nicht selten zu Hyperaktivität und Nervosität.

Dem Betteln nach Futter sollte aus erzieherischen, aber auch aus gesundheitlichen Gründen nicht nachgegeben werden.

Wichtig
Schokolade, Trauben und Rosinen

Hunde werden von Schokolade zwar nicht blind, aber das in Schokolade enthaltene Theobromin kann für einen Kleinhund schnell lebensgefährlich werden. Pro Kilogramm Hundegewicht gelten bereits 100 bis 200 mg Theobromin als tödlich, wobei der Theobromingehalt mit dem Kakaoanteil steigt, was bedeutet, dass Bitterschokolade gefährlicher ist als Vollmilchschokolade. Während einem ausgewachsenen Schäferhund wahrscheinlich nach dem Verzehr einer Tafel einfach nur schlecht wird, ist für einen Chihuahua bereits ein halber Riegel Bitterschokolade kritisch, weswegen dieses Lebensmittel unbedingt vom Hund ferngehalten werden muss. Starke Vergiftungssymptome wurden übrigens auch schon nach dem Verzehr von Rosinen und Trauben beobachtet, für die daher dieselben Sicherheitsmaßnahmen gelten müssen.

Bei Unsicherheiten sollte man immer den Tierarzt befragen und sich keinesfalls unkritisch ideologischen Tendenzen anschließen. Nicht vergessen werden dürfen auch bei Kleinhunden regelmäßige Gewichtskontrollen, da einige Rassen sehr zu schädlichem Übergewicht neigen. Bei Zwergkleinhunden muss bei Trockenfutter auf die Größe der Pellets geachtet werden, außerdem sollten auch Kleinhunde regelmäßig harte Kauknochen zur Zahnpflege bekommen (Kalbsziemer usw. in angemessener Größe).

Fütterung erzieherisch nutzen

Erzieherisch ist nun von Bedeutung, wie und wann dem Tier Futter im weitesten Sinne zugänglich gemacht wird, denn dies hat erheblichen Einfluss auf das Selbstverständnis des Hundes sowie dessen Bild vom Menschen. So wird ein Tier, das prinzipiell Futter zur freien Verfügung hat (was natürlich auch ein im wahrsten Sinne des Wortes gewichtiges medizinisches Problem werden kann), nicht in der Lage sein, Futterbelohnungen als solche zu betrachten, und auch keine Veranlassung sehen, sich dafür anzustrengen, was dem Menschen die Möglichkeit einer leicht zu handhabenden positiven Verstärkung in der Erziehung nimmt. Alles, was vermeintlich grenzenlos zur Verfügung steht, verliert außerdem an Attraktivität, steigert aber gleichzeitig die Anspruchshaltung und gebiert mehr als häufig ungesunde Strukturen. So sollte der Futternapf nach der Fütterung prinzipiell entfernt werden, sobald sich das Tier davon abwendet. Lässt es häufig etwas im Napf zurück, so empfiehlt es sich, bei der nächsten Mahlzeit die Portion um eben diesen Teil zu reduzieren. Vor allem langsame und mäkelige Fresser sollten während des Fressens völlig ignoriert werden und keinerlei Ansprache erhalten.

Optimalerweise geht man für einige Minuten aus dem Raum, um nicht in Versuchung zu geraten, das Tier zum Fressen zu überreden. Jegliche Zuwendung nämlich birgt die große Gefahr, zögerliches Fressverhalten des Hundes zu verstärken und seine „Qualitätsansprüche" immer weiter hochzuschrauben. Bei sehr verfressenen Kleinhunden sollte darauf geachtet werden, dass nicht sie es sind, die den genauen Zeitpunkt der Fütterung zu bestimmen haben. Kaum jemand würde es dulden, wenn sich das eigene Kind regelmäßig renitent und frech benimmt, weil das Mittagessen einmal zehn Minuten später auf dem Tisch steht. Den Aufdringlichkeiten und dem Gejammere des Hundes hingegen in solchen Situationen steht man häufig nicht nur tolerant, sondern leider sogar verständnisvoll gegenüber, was aus erzieherischer Sicht aber eine glatte Bauchlandung ist. Warten Sie also immer einen kurzen Moment der Ruhe und Unaufdringlichkeit ab, bevor Sie den Hund zu sich rufen und sein Futter bereiten. Das erhöht die Anpassungs-

Temperamentvolle Kleinhunde lieben Futtersuchspiele: Nutzen Sie diese, um die Bindung des Tieres zu optimieren und es zu beschäftigen.

Wichtig
Leckerchen in der Erziehung

Möchte man mit dem Kleinhund die klassischen Erziehungsübungen – so wie in diesem Buch beschrieben – in Angriff nehmen, so müssen übrigens unbedingt alle dort verwendeten Leckerchen von der täglichen Nahrungsration abgezogen werden, damit der Hund weder überdrüssig noch dick wird; Belohnungsleckerchen sollten außerdem immer möglichst winzig sein.

Info
Igitt, du stinkst!

Besitzer kleiner Hunde legen häufig sehr viel Wert auf Sauberkeit und Hygiene, was verständlich ist, wenn man berücksichtigt, dass die Kleinen einfach häufiger als ihre großen Artgenossen auf Sofa, Sessel und Schoß Platz nehmen. Dennoch sollte man es aufgrund des empfindlichen Säureschutzmantels der Haut keinesfalls übertreiben, prophylaktisches Baden vermeiden und nur speziell für Hunde geeignete Pflegemittel ohne Parfum und sonstige unnötige Zusätze verwenden. Es empfiehlt sich außerdem, das erste Bad des Kleinhundes positiv zu besetzen, indem man es zu einem reinen, von freudiger Stimmung des Menschen begleiteten Übungsbad macht. Auch Kleinhunde mit sehr pflegeaufwändigem Fell und solche, die im Bett schlafen, sind und bleiben Hunde, die sich durchaus gerne einmal – in aus menschlicher Sicht unangenehm Riechendem – wälzen werden. Das danach sicherlich notwendige Bad sollte nicht das erste im Leben des Hundes sein, und schon gar nicht zusätzlich mit stimmungsverstärkenden Ausrufen à la „Igitt, wie du stinkst!" und abwehrender Körperhaltung verbunden werden.

Ganz gleich welcher Größe: Jeder Hund sollte stets Hund bleiben und sich auch einmal richtig dreckig machen dürfen!

bereitschaft des Tieres und unterstreicht die Souveränität Ihrer eigenen Person. Bei sehr futter-manipulativen Hunden ist es klug, sich kurz vor den Fütterungszeiten oder beim Einsetzen von Protest- und Manipulationsbenehmen intensiv mit irgendetwas völlig anderem zu beschäftigen (sei es Blumengießen, Abstauben o. Ä.) und dabei jeglichen Blickkontakt zu vermeiden, bevor man sich in einem Augenblick der ruhigen Akzeptanz der Fütterung zuwendet.

Was die Gabe von Leckerchen, Kaustäbchen o. Ä. außerhalb der geregelten Zeiten betrifft, so sollte man weder auf aktive Betteleien eingehen noch dem Tier „einfach so" regelmäßig Happen zustecken. Dies verstärkt nämlich keineswegs nur einzelne, häufig unerwünschte Verhaltensweisen, sondern kann bei dem Hund erneut zu einer undifferenzierten und allgemeinen Anspruchshaltung führen, die weitaus unangenehmere Dinge nach sich ziehen kann als nur ein paar harmlose Betteleien am Tisch. Ein kleines **SITZ** oder **KOMM**, auch in der Wohnung, darf es durchaus sein, bevor der Kleinhund etwas außer der Reihe bekommt.

Was für jeden Kleinhund wichtig ist

Gewöhnung an Tragetasche und Box

Generell empfiehlt sich die Gewöhnung sowohl an eine Tragetasche als auch an eine Box im Hinblick auf mehrere, ganz unterschiedliche Dinge. Bei Reisen mit dem Bus, der Bahn und dem Flugzeug werden Boxen bzw. geschlossene Tragetaschen in aller Regel verlangt. Auch auf Autofahrten ist der Hund in der Box einfach am sichersten untergebracht, und der Gesetzgeber verlangt eine Sicherung des Hundes im Auto ohnehin, ganz unabhängig von dessen Größe. Bei der Erziehung zur Stubenreinheit (siehe ab S. 98) ist die Box eine große Hilfe, sie bietet dem Kleinhund darüber hinaus auch eine Rückzugsmöglichkeit am Tag, was besonders dann wichtig ist, wenn man einen lebhaften Haushalt führt oder erwägt, mit seinem Hund Ausstellungen oder sonstige Veranstaltungen rund um den Hund zu besuchen, wo es in der Regel hoch hergeht. Die Tragetasche bietet

Eine solche Tragetasche bietet Sicherheit und schützt vor Kälte.

bei Gedränge und großen Menschenansammlungen Sicherheit und schützt kurzfellige Kleinhunde ohne Unterwolle und vor allem Welpen im Winter vor Kälte. Auch wenn die Gewöhnung an die Tragetasche in der Regel kein großes Problem darstellt – die meisten Kleinhunde haben es gerne warm, bequem und geschützt –, sollte man sich auch hierfür etwas Zeit nehmen. Sowohl Tasche als auch Box sollten zunächst – selbstverständlich nacheinander und nicht gleichzeitig – einige Tage als nächtlicher Schlafplatz für den Hund attraktiv gemacht werden. Dabei empfiehlt es sich, alle anderen Schlafgelegenheiten vorübergehend zu entfernen und die Lieblingsdecke des Tieres in der Box bzw. der Tasche unterzubringen. In jedem Fall muss der nächtliche Schlafplatz des Hundes für diese Gewöhnung in das Schlafzimmer direkt neben das Bett verlegt werden, sofern er sich nicht ohnehin dort befindet. Die Box oder Tasche soll hierbei nicht verschlossen werden (spezielle Vorgehensweise für noch nicht stubenreine Kleinhunde siehe ab S. 98). Da Hunde in der Regel höhlenartige Rückzugs- oder Schlafplätze sehr schätzen, akzeptieren sie diese neue nächtliche Unterbringung normalerweise schnell. Nach wenigen Nächten kann man die Box tagsüber im Wohnbereich als Schlafstätte anbieten; für die Tasche ist dies nur dann erforderlich, wenn es sich um eine verschließbare Hundetragetasche handelt. Während der Gewöhnungsphase sollte man auch hier erneut alle anderen Schlafplätze wie Körbchen, Decken u. Ä. bis zur völligen Akzeptanz wegräumen.

So wird's gemacht

Zeigen Sie nun Ihrem Hund mehrmals am Tag ein kleines Leckerchen und lassen es in die Box/Tasche kullern. An dieser Stelle sollten Sie ein Hörzeichen wie etwa **IN DIE BOX** einführen, das nur in

Der erste Kontakt mit der Box wird durch Leckerchen schmackhaft gemacht.

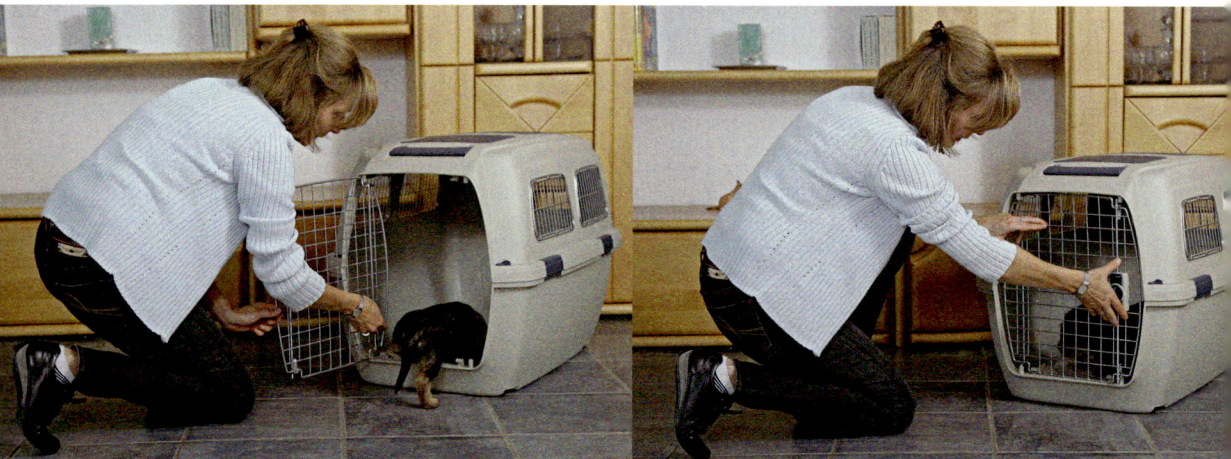

dieser Situation angewendet und gleichzeitig gegeben wird, wenn Sie das Leckerchen in die Box werfen. Geschlossen werden sollte die Box bzw. Tasche aber erst, sobald der Hund diesen Ort im Wohnbereich freiwillig als Schlafplatz aufsucht, und auch dann nur für kurze Zeit, wobei wenige Minuten, in denen Sie im Raum bleiben sollten, ausreichend sind. Damit der kleine Hund keine tyrannischen Allüren entwickelt, ist der richtige Moment des erneuten Öffnens von großer erzieherischer Wichtigkeit. Geöffnet werden sollte die Box/Tasche nämlich ausschließlich in Augenblicken der Ruhe und Akzeptanz. Sofern der Hund diesen Ort als nächtlichen Schlafplatz annehmen und schätzen gelernt hat, können Sie davon ausgehen, dass ihm der kurze Aufenthalt dort am Tag keinerlei unzumutbare Pein bereitet. Die Box oder Tasche nun aber in einem Moment des Protestes oder der Unruhe zu öffnen, hieße, dieses Verhalten – sei es nun Bellen, Fiepen oder Sonstiges – für den Hund zur systematisch erlernten Erfolgsstrategie zu machen, die er bald nicht nur in dieser, sondern höchstwahrscheinlich auch in anderen Situation einsetzen würde. Öffnen Sie das „Türchen" in einem Moment der Stille, und Sie belohnen Ruhe und Gelassenheit beim Tier. Ein kurzes Lob nach dem Öffnen reicht völlig aus; zu große Überschwänglichkeit kann dem Hund den Eindruck vermitteln, dass hier gerade etwas höchst Dramatisches vor sich geht und nicht etwa eine Sache von völlig unspektakulärer Selbstverständlichkeit. Je nach Übungshäufigkeit –

Wer die Box nachts als Schlafplatz neben dem Bett verwendet, tut sich mit der Gewöhnung noch leichter.

optimal ist ein bis zwei Mal täglich – können Sie die Dauer des Aufenthalts langsam, aber stetig bis auf 20 bis 30 Minuten steigern. Dabei können Sie den Hund nun auch immer öfter auffordern, in die Box bzw. Tasche zu gehen, und müssen keineswegs mehr abwarten, bis er diese von sich aus betritt. Für die Anwendung im Alltag ist nämlich nicht nur die Gewöhnung von Bedeutung. Ihren Sinn können Box und verschließbare Tragetasche nur dann erfüllen, wenn der Kleinhund auch lernt, diese Plätze auf Aufforderung seines Menschen aufzusuchen.

In den ersten Tagen dieser Phase können diese Aufforderungen dann erfolgen, wenn das Tier gerade müde ist, etwa nach einem Spaziergang, nach dem Fressen (beim Welpen vorher immer Möglichkeit zum Lösen geben!) usw. Ignoriert der Hund die Aufforderung, die man immer mit dem bereits etablierten Hörzeichen verbindet, so sollte ihm keine längere Bedenkzeit eingeräumt werden. Gehen Sie in Ruhe und ohne drohende Körperhaltung auf ihn zu, wiederholen das Hörzeichen ein zweites Mal, während Sie den Hund hochnehmen und in die Box/Tasche bringen. Dann verschließen Sie diese wie gewohnt und vergessen dennoch ein freundliches Lob nicht.

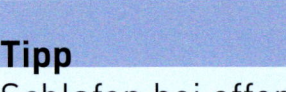

Tipp
Schlafen bei offenem Fenster

Sollten Sie bei kälteren Temperaturen mit offenem Fenster schlafen, kann dies für den einen oder anderen kurzfelligen, zarten Kleinhund, der auf dem Boden schläft, durchaus zu kalt werden. Achten Sie daher bitte auf eine angemessene Raumtemperatur. Robustere Naturen haben damit in der Regel jedoch keine Probleme.

Kurz gefasst
Gewöhnung an Tragtasche oder Box

Für den Kleinhund empfiehlt sich aufgrund der vielfältigen Einsatzmöglichkeiten im Alltag die sorgfältige Gewöhnung an eine Box oder verschließbare Hundetasche unbedingt. Diese sollte jedoch eindeutigen erzieherischen Prämissen folgen.

Ebenso wie in allen anderen Situationen des Alltags, sollte man sich auch hier nicht verleiten lassen, Hörzeichen mehrfach zu geben oder gar zu erbitten. Der Tonfall soll klar und unmissverständlich sein, übertriebene Lautstärke hingegen ist überflüssig, sie führt mit hoher Wahrscheinlichkeit nur dazu, dass diese vom Hund als normaler Umgangston betrachtet wird.

Anforderungen langsam steigern

Sie können nun durchaus auch einmal den Raum verlassen, sollten aber immer in Hör- oder Sichtweite bleiben. Sobald der Hund dies im Rahmen der oben genannten Zeitdauer gelassen akzeptiert, sind tägliche Wiederholungen nicht mehr erforderlich; der Einsatz im Alltag – bitte immer nach den bereits etablierten Regeln in puncto Hörzeichen und optimalem Moment des Öffnens – ersetzt normalerweise spezielles Üben völlig. Da viele Kleinhunde die Box bzw. Tasche nach einer entsprechenden Gewöhnung sehr gerne als Rückzugs- und Ruheort aufsuchen, sollte man ihnen ihre „Höhle" in einem ruhigen Bereich der Wohnung auf jeden Fall belassen, damit sie ihn nach eigenem Gutdünken nutzen können. Als längerer unfreiwilliger Aufenthaltsort am Tag, gar noch für mehrere Stunden, darf eine Box oder verschließbare Hundetasche selbstverständlich nie missbraucht werden. Ab und an eine entsprechend längere Reise, die dies erfordert, stellt nach erfolgter Gewöhnung und mit Pausen zum Lösen zumeist kein Problem dar.

Stubenreinheit

Das Erlernen einer zuverlässigen Stubenreinheit steht bei „Klein-
hundeltern" in der Regel ganz oben auf dem Wunschzettel, oft weit
vor **SITZ**, **PLATZ**, **KOMM**. Tatsächlich stellt dies in der Realität aus
ganz unterschiedlichen Gründen häufig eine kleine Klippe dar, denn
leider kommen keineswegs alle Kleinhundwelpen bei ihren Züch-
tern oder Vorbesitzern in den Genuss, regelmäßig Garten oder
Grünflächen aufsuchen zu dürfen. Insbesondere
Kleinsthundwelpen kennen beim Zeitpunkt ihrer
Abgabe oft nur die hauseigene „Pipi-Ecke" auf
Zeitungen o. Ä. oder sind an eine Katzentoilette
gewöhnt, womit nicht selten geworben wird.
Auch wenn die Gewöhnung an ein Katzenklo in
manchen Fällen durchaus sinnvoll sein kann,
etwa für Kleinhunde älterer Menschen in mehr-
stöckigen Häusern und/oder Städten, sollte man
sich die Mühe einer Gewöhnung an das zuverlässige Lösen außer Haus unbedingt machen. Gerade ausschließlich in der Wohnung aufgezogene
Kleinhunde können sonst bei längeren Spaziergängen durchaus Stress bekommen, denn ihre

Optimal ist es, den
Kleinhundwelpen
während der ersten
Wochen zu einem
geeigneten Löse-
platz zu tragen.

Prägung sagt ihnen: „Ich kann doch nur drinnen!"
Zusätzlich steht der Sauberkeitserziehung die Tatsache erschwerend
im Wege, dass man es oft einfach nicht bemerkt, wenn der Kleinhund sich innerhalb der eigenen vier Wände löst: Kleine Pfützchen
oder Minihäufchen können viel unbemerkter unter Sofas, hinter
Schränken usw. „verloren" werden, und ein Teelöffelchen Pipi ver-
sinkt häufig ganz spurlos im Teppich. Unterscheiden zu lernen,
wo „Ja" und wo „Nein", dauert daher unter Umständen länger als
bci dcm größeren Hund, bei dem man schon aus „Selbstschutz-
gründen" wesentlich besser aufpasst, dass nichts passiert.

**Routine und
Kontrolle**

Somit sind für den Kleinhund, egal ob es sich um einen Welpen,
einen Junghund oder einen noch nicht ganz stubenreinen erwachsenen Kleinhund handelt, zwei Punkte von außerordentlicher Wichtigkeit: Routine und Kontrolle! Eine feste Routine hilft dem Tier, sich
häufiger draußen und seltener drinnen zu lösen. Er sollte daher, bis
sich die ersten Erfolge einstellen, alle ein bis maximal zwei Stunden
nach draußen zu einer geeigneten Lösestelle gebracht werden. Dabei
trägt man ihn in den ersten Wochen – bzw. solange wie nötig –
unbedingt, damit er sich nicht bereits vorher an ungeeigneter oder

unerwünschter Stelle löst. Es empfiehlt sich, nach Möglichkeit
immer dieselbe Stelle aufzusuchen; andere Aktivitäten, wie zum Beispiel Spiel, sollten dort nicht stattfinden. Allein die ständig stattfin-
dende Verbringung nach draußen kann schon recht schnell dazu
führen, dass der Hund sich zwar zunächst sicherlich nicht jedes
Mal, aber doch zumindest einige Male am Tag draußen löst.
(Übrigens: Da man seiner Umgebung auch keine kleinen Hunde-
häufchen auf dem Asphalt zumuten sollte, bitte von Anfang an auf
einen naturbelassenen Untergrund achten!) Das Lösen draußen

sollte man außerdem vom ersten Tag an mit einem Hörzeichen wie
MACH SCHÖN unterstützen. Dabei ist es wichtig, dieses Hörzeichen genau dann zu geben, wenn der kleine Hund gerade „macht";
nur so kann er das Lösewort mit seiner Handlung verknüpfen lernen. Außerdem soll der Hund bereits während des Lösens mit der
Stimme gelobt werden, damit er die Richtigkeit seines Handelns zu
diesem Zeitpunkt an genau dieser Stelle erkennen kann.
Neben diese Routine in puncto Häufigkeit, Lösehörzeichen auf
geeignetem Untergrund und Lob während des Lösens muss die
gezielte Kontrolle innerhalb des Hauses treten. Hunde, so sagt man,
seien ganz generell bemüht, ihre eigene Umgebung sauber zu

Wird jedes Lösen
auf geeignetem
Untergrund von
einem Signalwort
wie MACH SCHÖN
plus Leckerchen
begleitet, wird
der Hund schnell
„straßenrein".

Nach dem Auf-
wachen schnell
nach draußen!

halten, und strebten daher bereits früh danach, ihre Geschäfte außerhalb des Wohnbereichs zu erledigen. Für den größeren, vernünftig geprägten Hund trifft dies sicherlich zu. Die Welt des Kleinhundes jedoch ist um ein Vielfaches größer, und eine abgelegene Ecke innerhalb des Wohnbereiches kann für ihn durchaus weit genug weg sein. Somit darf man den Kleinhund in den ersten Wochen eigentlich kaum unbeaufsichtigt lassen; Türen von Räumen,

in denen man sich gerade nicht (gemeinsam!) aufhält, sollte man immer verschließen. Auf jegliche Suchbewegungen des Tieres empfiehlt es sich, dadurch zu reagieren, dass man den Hund sofort an die gewohnte Stelle nach draußen bringt (Lösehörzeichen nicht vergessen!).

Insgesamt muss man sich klarmachen, dass jedes Lösen in der Wohnung den Weg zum stubenreinen Kleinhund erschwert, weswegen man sich in allererster Linie selbst zu Routine und Kontrolle erziehen muss, bevor man einen zur Sauberkeit erzogenen Hund erwarten kann.

Soll die Sauberkeitserziehung außerdem auch weiterhin strukturfördernden Erziehungsprämissen genügen, so muss im Falle eines Missgeschicks in der Wohnung eine für den Hund klar erkennbare Kommunikation zum richtigen Zeitpunkt erfolgen. Wir möchten auch hier die von der Verhaltensforscherin Frau Dr. Feddersen-Petersen eingeführte Vokabel des „Hineinreagierens" bemühen. Konkret auf diese Situation bezogen bedeutet dies, dass die Reaktion des Menschen in Richtung Hund erfolgen muss, während er das unerwünschte Verhalten zeigt, also während er Pipi oder Häufchen macht und keinesfalls danach. Dabei sollte man den Hund zwar schnellstmöglich, aber ohne Bedrohlichkeiten mit einem neutralen **NEIN** hochheben und nach draußen tragen. Sobald der Hund sich aber von seinem Pfützchen oder Häufchen entfernt, bleibt dem Menschen nur noch, sich an seinem Putzlappen abzureagieren sowie der Vorsatz, künftig noch besser aufzupassen. Nachträgliche „Strafmaßnahmen" oder auch nur Schimpfen sind hier völlig ungeeignet und vertrauenszerstörend. Gibt es trotz Routine und Kontrolle noch Probleme mit der Stubenreinheit, kann die Box oder verschließbare Tasche – natürlich erst, wenn der Hund sie nach der Gewöhnungsphase problemlos akzeptiert – eine zusätzliche, gute Hilfe sein: Sie kann zum Einsatz kommen, wenn man einmal für einige Minuten keine Zeit hat, nach dem Tier zu schauen, denn die eigene Höhle verschonen Kleinhunde in der Regel sehr schnell.

Regeln für nachts

Für die Nächte gelten besondere Regeln. Der Kleinhund sollte, sofern er noch nicht stubenrein ist, prinzipiell im Schlafzimmer nächtigen. Hierbei kann er nach der Gewöhnung in der Box schlafen, die direkt neben dem Bett stehen soll und in der Nacht auch geschlossen werden darf. Bis zur Gewöhnung kann man eine hohe offene Kiste oder einen Karton, aus dem der Hund noch nicht herausspringen kann, neben das Bett stellen. So ist gewährleistet, dass in den Nachtstunden kein Missgeschick passiert, da der Mensch eventuelle Unruhe leicht bemerkt und den Hund schnell nach draußen tragen kann. Am Morgen muss es dann natürlich schnell gehen. Am besten wirft man sich zunächst etwas „Pipiwiesentaugliches" über, holt dann erst den Hund aus seinem Schlafplatz und trägt ihn rasch nach draußen, wo an entsprechender Stelle Lösehörzeichen und Lob gegeben werden. Dies, in Verbindung mit den genannten Maßnahmen zur Routine, Kontrolle und Kommunikation, hilft dem Kleinhund beim Erlernen einer zuverlässigen Stubenreinheit ungemein. Etwas mehr Geduld jedoch als beim größeren Hund wird man aus den oben erwähnten Gründen nicht selten mitbringen müssen.

Alternative: Katzentoilette

Abschließend hier noch einige Bemerkungen zur häufig angepriesenen Katzentoilette für Kleinhunde: Unserer Erfahrung nach scheint es dem Hund selbst keineswegs unangenehm zu sein, eine Katzentoilette zu benutzen. Die Tatsache, dass er sie nach Bedarf schließlich irgendwann ganz freiwillig aufsucht, erlaubt diesen Rückschluss durchaus. Bekommt man einen Kleinhund, der ausschließlich an die Katzentoilette gewöhnt ist, so kann es zu entsprechenden Jahreszeiten nötig sein, die Gewöhnung an das Lösen außer Haus auf das nächste Frühjahr zu verschieben, bevor man insbesondere mit weniger robusten Kleinhundwelpen „stundenlang" in Kälte und Nässe auf der Pipiwiese ausharrt, in der Hoffnung, dass der Katzenklogeprägte Kleinhund sich nun endlich auch einmal im Freien löst. Auch bei Krankheit oder, wie bereits erwähnt, im Alter kann die Katzentoilette eine gute Ergänzung sein, auf bestimmten Reisen ist sie sogar obligatorisch (S. 36). Vergessen darf man dabei aber nicht, dass die Katzentoilette lediglich einen alternativen Löseplatz bieten kann und keinesfalls tägliche Spaziergänge, die ganz andere Bedürfnisse erfüllen, ersetzen darf. Kennt der eigene Kleinhund die Katzentoilette noch nicht (übrigens gibt es mittlerweile saugfähige Unterlagen für Hunde, die analog verwendet werden können) und man möchte ihn an dieselbe gewöhnen, so sollte man folgendermaßen vorgehen: Auch wenn der Hund sich draußen schon ohne Hörzeichen löst, sollte er in einem ersten Schritt nun ein Lösehörzeichen mit seiner Handlung verknüpfen lernen. Dies geschieht dann am sichersten, wenn über mehrere Tage hinweg, während jeder Verrichtung draußen, dieses Wort deutlich gesagt und mit einem freundlichen Lob verbunden wird. Nach ein bis zwei Wochen nun setzt man den Hund mehrfach am Tag zu den Zeiten, die seinem Rhythmus entsprechen, in die Toilette und gibt gleichzeitig das Hörzeichen. Dabei benötigt man Geduld und je nach Hundetyp auch Ausdauer. Das Lösen auf der Katzentoilette sollte in den ersten Übungswochen unbedingt außer mit verbalem Lob mit einem attraktiven Leckerchen belohnt werden. Der Hund sollte dabei opti-

Bei der Sauberkeitserziehung von Kleinhunden ist mitunter mehr Geduld gefragt.

malerweise noch innerhalb der Toilette sein. Die gewöhnlichen Spaziergänge dürfen in dieser Phase übrigens auf keinen Fall reduziert werden, damit der Hund bis zur erfolgreichen Gewöhnung nicht zu lange einhalten muss und außerdem auch weiterhin Gelegenheit erhält, sich draußen zu erleichtern.

Kurz gefasst
Stubenreinheit

Soll die Stubenreinheitserziehung des Kleinhundes erfolgreich und strukturfördernd sein, muss der Mensch sich selbst zu bestimmten Regeln in Sachen Routine, Kontrolle und Kommunikation erziehen. Dass Kleinhunde oft länger benötigen, um zuverlässig stubenrein zu werden, sollte dabei niemanden verunsichern. Unter gewissen Umständen kann die Gewöhnung an eine Katzentoilette sinnvoll sein.

Info
„Der hat doch ein schlechtes Gewissen!"

Immer wieder vermuten Hundefreunde bei ihren Vierbeinern ein schlechtes Gewissen, wenn diese etwas verschmutzt, angekaut, zerstört oder schlicht und ergreifend ein bestimmtes Hörzeichen missachtet haben. Und nicht selten reagiert der Mensch an solchen Stellen mit Geschimpfe oder sonstiger Bestrafung und ist sich in Anbetracht des vermeintlichen zerknirschten Tieres sicher, es wisse ganz genau, was es getan habe. Dieses deutlich sichtbare Verhalten des Hundes jedoch ist nichts anderes als Beschwichtigungsverhalten, und das heißt zunächst einmal nur das Zeigen bestimmter Gesten und Signale, die jeder Welpe in den ersten Wochen seines Lebens im Umgang mit seinen Geschwistern und seiner Mutter erlernt und erprobt. Es ist mittlerweile bekannt, dass Hunde in der Lage sind, Veränderung im Geruchsbild des Menschen zu erkennen. Da ein ärgerlicher Mensch nun einmal entsprechende Stoffe ausschüttet, spürt – oder besser gesagt riecht – der Hund diesen Ärger, noch bevor der Mensch etwas gesagt hat, und reagiert mit Unterwürfigkeitsgesten, um einem Donnerwetter zu entgehen. Dass der Hund weiß, warum sich sein Mensch ärgert, ist jedoch reine Interpretation. Ein schlechtes Gewissen setzt Einsicht in die Fehlerhaftigkeit vergangenen Verhaltens voraus. Wäre dem Hund diese Fehlerhaftigkeit klar, würde er nach einer ordentlichen Gardinenpredigt in Zukunft mit Sicherheit alles tun, sein Verhalten zu bessern. Dies aber passiert in aller Regel nach Schimpfereien nicht, was zeigt, dass der Mensch hier einem gehörigen Irrglauben aufsitzt.

Gewöhnung an das Alleinbleiben

Die Gewöhnung an das Alleinbleiben wird bei der Haltung von Kleinhunden häufig vernachlässigt. Aus mehreren Gründen aber sollte man bei der Erziehung des Kleinhundes diesem Aspekt Aufmerksamkeit widmen. Auch der kleine Hund wird seine Besitzer nicht zu allen Terminen begleiten dürfen. Gerade die Tatsache aber, dass ihm dies im Alltag seltener passieren wird als seinem größeren Artgenossen, kann unter Umständen zum Problem werden. Muss ein Hund nur alle paar Wochen einmal für kurze Zeit alleine sein, so kann ihm eine selbstverständliche Akzeptanz wesentlich schwerer fallen und das Alleinsein mehr Stress bereiten als dem Tier, das jeden Tag einmal für eine gewisse Zeit auf seinen Menschen verzichten muss. Auch die Tatsache, dass sich Lebenssituationen gravierend ändern und vom Hund urplötzlich ganz andere Dinge verlangen können, sollte immer miterwogen werden. Zusätzlich empfiehlt sich die systematische Gewöhnung an das Alleinsein auch als strukturfördernde Erziehungsmaßnahme mit dem Ziel, den Kleinhund zu einer gewissen Selbstständigkeit zu erziehen und nicht zum „Klammeraffen" mutieren zu lassen. So rührend und schmeichelhaft es sein mag, wenn der kleine

Hund versucht, seinen Menschen selbst auf die Toilette, ins Bad, in den Keller usw. zu verfolgen, so sehr sollte man diese Versuche, spätestens sobald das Tier einigermaßen stubenrein ist, unterbinden, um keine ungesunden Abhängigkeitsstrukturen zu etablieren. Dass der Mensch auch einmal kurz den Raum verlässt und dies keine Ursache zur Aufregung sein muss, ist eine Erfahrung, die der Hund

Vorbeugemaßnahmen gegen unnötige Verlassensängste ersparen Hund und Mensch viel Kummer.

Ein Übermaß an Zuwendung kann Verlassensängste beim Kleinhund fördern.

nur machen kann, wenn man einen übertriebenen „Verfolgungs-wahn" innerhalb der Wohnung nicht zulässt. Zur systematischen Gewöhnung nun sollte man kleinschrittig, aber stetig vorgehen. Die kurzen Wege zum Briefkasten oder zur Mülltonne empfehlen sich als erster Schritt. Um den Bruch zwischen An- und Abwesenheit nicht künstlich zu vertiefen, sollte man, bevor man die Wohnung kurz verlässt, einfach wortlos und ganz selbstverständlich hinaus- und auch wieder hineingehen. Übertriebene Ansprache oder gar Tröstungen sind sowohl beim Verlassen als auch bei der Rückkehr generell kontraproduktiv; sie vermitteln dem Tier unter Umständen, dass nun mit etwas Außergewöhnlichem zu rechnen ist, und kön-nen es in unnötige Aufregung versetzen. Hinzu kommt, dass der Hund die Abwesenheit umso stärker empfindet, je intensiver man sich kurz zuvor mit ihm beschäftigt hat. Besonders dann, wenn der Hund sich beim Zurückkommen sehr unruhig zeigt oder man gar schon an der Tür weinende Laute vernimmt, würde menschliche Zuwendung zu diesem Moment das Unwohlsein beim nächsten Alleinsein noch verstärken. Wenn irgend möglich, sollte die Tür ohnehin nur in einem Augenblick der Ruhe geöffnet werden, der unruhige Hund aber in jedem Fall – so schwer es fallen mag – so lange ignoriert werden, bis er sich von selbst wieder beruhigt hat.

Kleinhunde, die ihre Box als Schlafplatz und sicheren Rückzugsort kennen, haben mit dem Alleinbleiben häufig weniger Probleme.

In der Regel aber tauchen bei diesen ersten kurzen Abwesenheiten des Menschen keine Probleme auf und der Kleinhund kann bei täglicher Übung (Postkasten leeren, Müll raustragen, Keller aufsuchen, etwas aus dem Auto holen) lernen, die ruhige und souveräne Stimmung seines Menschen beim Verlassen der Wohnung zu übernehmen.

Weitere Schritte Innerhalb dieser Lernphase sollte man bereits regelmäßig bestimmte Verhaltensweisen an den Tag legen, die auch später, wenn der Hund etwas länger allein sein muss, vorkommen werden: Jacke und/oder Straßenschuhe anziehen, Schlüssel mitnehmen usw. Dadurch, dass diesen Signalen in der ersten Zeit nur eine ganz kurze Abwesenheit folgt, kann man verhindern, dass sie zu stressauslösenden Reizen für das Tier werden.

Die nächsten Schritte kann man unternehmen, wenn die täglichen Kurzabwesenheiten in der beschriebenen Weise mindestens zwei bis drei Wochen täglich durchgeführt worden sind. Sodann sollte man etwa drei bis vier Mal die Woche darauf verzichten, den Hund zu kurzen Gängen wie zum Bäcker, Supermarkt usw. mitzunehmen, um die Zeitdauer des Alleinbleibens langsam zu steigern. Auch dabei sollte aus den bereits erläuterten Gründen direkt vor dem

Verlassen der Wohnung keine intensive Beschäftigung mit dem Hund stattgefunden haben und auch die Begrüßung nach der Rückkehr nicht zu überschwänglich und emotional ausfallen. Wird dies bis zu einem Alter von etwa sechs Monaten regelmäßig geübt, so kann der Hund zu diesem Zeitpunkt in aller Regel bereits stressfrei zwei bis drei Stunden allein gelassen werden, was im Verlauf der nächsten Wochen und Monate langsam noch um ein bis zwei Stunden gesteigert werden darf. Mehr als vier bis fünf Stunden des Alleinseins am Tag jedoch sollten dem Hund nicht zugemutet werden. Übrigens kann auch der bereits ältere Kleinhund das Alleinsein nach der beschriebenen Weise durchaus noch lernen. Zeigt das Tier, ganz gleich welcher Altersstufe, jedoch während des Alleinbleibens regelmäßig starke Stresssymptome, zerstört Gegenstände und/oder verschmutzt entgegen bereits etablierter Stubenreinheit die Wohnung usw., so sollte man einen Spezialisten für Verhaltensauffälligkeiten bei Hunden zurate ziehen.

Schlaf- und Fressplatz innerhalb des Eingangsbereichs erhöhen den Belleifer vieler Hunde ganz unnötig.

Kurz gefasst
Alleinbleiben

Damit auch der Kleinhund mit dem Alleinsein keine Probleme bekommt, sollte man von Anfang an gezielte Maßnahmen ergreifen: die Unterbindung einer ständigen „Verfolgung" innerhalb der Wohnung sowie das schrittweise Üben des Alleinbleibens unter Beachtung bestimmter kommunikativer Regeln zwischen Mensch und Hund.

„Etikette" für den Kleinhund

Von der Eingrenzung des Belleifers im Wohnbereich

Übertriebener Belleifer ist bei kleinen Hunden durchaus verbreitet und kann sich – je nach Wohnsituation und Nervenkostüm von Besitzer und Anwohner – schnell zu einem echten Problem auswachsen. Viele Kleinhunde entspringen Arbeitshunderassen, die von Haus aus eine recht hohe Bereitschaft zur Verteidigung des Territoriums mitbringen, andere haben schlicht eine individuelle hohe Erregbarkeit und so manche eine schlechte Sozialisierung auf Außenreize erfahren und verbellen alles, was sich von außen den sicheren vier Wänden nähert.

Solange noch Zeit dafür ist, sollte man unbedingt ausreichend in die Umweltsozialisation (S. 54) des jungen Tieres investieren; nur so kann es eine echte innere Ausgeglichenheit seiner Umwelt gegenüber entwickeln, die sich positiv auf seine allgemeine Erregbarkeit auswirken wird.

Zur allgemeinen Eingrenzung des Belleifers nun sollte und kann man bei Kleinhunden jeden Alters ganz konkrete Maßnahmen ergreifen. Oftmals wird übertriebener Belleifer in der Wohnung zu lange einschränkungslos geduldet und Unbehagen macht sich oft erst dann breit, wenn es Ärger mit den Nachbarn gibt oder das eigene Ruhebedürfnis erheblich gestört wird. Je früher man hier also regulierend eingreift, desto erfolgreicher wird man sein.

Es empfiehlt sich, mit dem Kleinhund ein Ruhezeichen, wie etwa **RUHIG**, zu trainieren. Dazu muss man den Hund in den ersten zwei bis drei Wochen des (täglichen!) Übens zunächst ablenken, sobald er bellt. Hierbei sind während der ersten Schritte solche Situationen geeignet, in denen es aus menschlicher Sicht keinen Grund zur Aufregung gibt, also zunächst noch nicht, wenn an der Tür geklingelt wird.

Sei es nun, dass man den bellenden Kleinhund mit unbedingt freudiger Stimme (einem Befehlston wird er in dieser Situation keine Folge leisten!) in einen anderen Bereich der Wohnung lockt oder ihn auf seinen Quietscheball aufmerksam macht. Sobald er durch diese Ablenkung tatsächlich einen kurzen Moment ruhig ist, aber keinesfalls früher, bekommt er ein Leckerchen in Verbindung mit dem bereits erwähnten Ruhezeichen **RUHIG**.

Timing, Belohnung und häufiges Üben

Das richtige Timing und die Häufigkeit des Übens sind für den Erfolg außerordentlich wichtig. So sollten Sie sich am besten einen kleinen Beutel mit Leckerchen umhängen oder einfach ständig einige Häppchen in der Hosentasche griffbereit haben, denn die

Belohnung plus Ruhezeichen muss sofort auf den Augenblick der
Stille folgen. Muss man unter Umständen erst in die Küche laufen,
um eine Belohnung zu holen, so hat man die „Zwei-Sekunden-Regel" schon gebrochen und belohnt außerdem womöglich noch im
völlig falschen Moment, da der Hund eventuell schon längst wieder
bellt. Lassen Sie sich nicht dadurch irritieren, dass der Hund in der

Genau der rich-
tige Moment, um
dem Hund das
Ruhezeichen und
seine Belohnung zu
geben!

ersten Zeit nach der Belohnung sein Verhalten womöglich direkt
wieder fortsetzt. Es geht im jetzigen Stadium nur darum, dass er die
Bedeutung des Ruhezeichens erlernt, und dies tut er, indem er es in
einem tatsächlichen Ruhemoment erhält und sein augenblickliches
Nichtbellen zugleich belohnt wird. Man sollte, je nach dem wie gut
ablenkbar das Tier ist, diese Form der Ablenkung plus Ruhezeichen
und Belohnung zwei bis drei Mal direkt hintereinander vornehmen,
optimalerweise mehrmals am Tag. Das Ruhezeichen kann nur dann
zuverlässig erlernt werden, wenn es konsequent mehrmals täglich
über einige Wochen hinweg geübt wird, ein selteneres Üben ver-
spricht leider keinerlei Erfolg. Übrigens ist es durchaus nicht erforderlich, dass der Hund zur Einübung des Ruhezeichens besonders
laut oder erregt bellt. Im Gegenteil, zu Beginn tut man sich wesentlich leichter, wenn man auch Situationen nutzt, in denen das Tier
nur ein leichtes Wuffen hören lässt.

Klingelt es an der Tür, so sollte man in den ersten Tagen nach
Ergreifen der genannten Maßnahmen lediglich ein einmaliges
Ablenken unternehmen, selbstverständlich erneut in Verbindung
mit Ruhezeichen und Leckerchen. Kleinhunde, die sich hier extrem
lautstark verhalten oder gar nicht ablenken lassen, sollte man nicht
gestatten, mit zur Tür zu laufen. Bei solchen Exemplaren empfiehlt

sich eine kurzzeitige Unterbringung in einem anderen (gewohnten!) Raum der Wohnung, bevor man die Wohnungstür schließlich öffnet. Erst in einem kurzen Moment der Ruhe sollte der Hund im Anschluss damit belohnt werden, dass er diesen Raum verlassen darf.

GIB LAUT

In einem weiteren Schritt können Sie nun das Bellen als solches unter ein Hörzeichen wie **GIB LAUT** stellen. Der Vorteil davon ist, dass man so nicht mehr auf den Zufall angewiesen ist, um das Ruhezeichen zu üben, da man das Tier selbst zum Bellen animieren kann. Wiederum sind Häufigkeit des Übens und gutes Timing unabdingbar: Wann immer der Hund bellt, geben Sie gleichzeitig das Hörzeichen **GIB LAUT** sowie in den ersten Tagen direkt im Anschluss ein kleines Leckerchen. Bei mehrfacher täglicher Wiederholung wird es kaum mehr als eine Woche dauern, bis der Hund verstanden hat, was mit **GIB LAUT** gemeint ist. Probieren Sie es einfach aus, ein bellfreudiges Tier wird das Hörzeichen sehr schnell mit seiner Handlung verknüpfen. Da man nicht auf dieser Stufe stehen bleiben möchte, sie im Gegenteil nur eine Brücke zu dem eigentlich

Und nun das Hörzeichen GIB LAUT!

erwünschten Verhalten darstellt, muss nach der Verknüpfung nun **GIB LAUT** und **RUHIG** in Verbindung miteinander geübt werden. Geben Sie dem Hund das Hörzeichen **GIB LAUT** und – nachdem er zwei bis drei Mal gebellt hat – Ruhezeichen **RUHIG**. Nach zwei Sekunden der Ruhe belohnen Sie sofort mit einem Leckerchen, warten einen Moment und wiederholen die Übung erneut. Insgesamt sollte man dies mehrmals am Tag drei bis vier Mal hintereinander üben. Vergessen Sie dabei nie das Ruhezeichen **RUHIG**, sonst besteht die Gefahr, dass der Hund sich für das Bellen und nicht für das Stillsein belohnt fühlt. Da dem Hund das Stillsein schwerer fallen wird als das Bellen, sollte man auf das Belohnungshäppchen

Kurz gefasst
Eingrenzung des Belleifers

Um den Belleifer des Kleinhundes in allgemein verträgliche Bahnen zu lenken, empfiehlt sich das konsequente und gezielte Trainieren der Hörzeichen **RUHIG** und **GIB LAUT**. Doch auch einfache Maßnahmen, wie die bloße Verlegung des Schlaf- und Fressplatzes aus dem Eingangsbereich, können von großer Wirkung sein.

Ausreichende Auslastung kann den Belleifer eindämmen.

nach dem Ruhezeichen für lange Zeit nicht verzichten und schließlich – sofern alles klappt wie gewünscht – wenigstens ab und an variabel für das Ruhigsein belohnen. Dieses Prinzip, in einem ersten Schritt das Stillsein und in einem zweiten das Bellen sowie das Stillsein unter ein Hörzeichen zu stellen, ist äußerst erfolgreich, erfordert vom Menschen aber viel Disziplin, nahezu perfektes Timing und tägliches, konsequentes Üben. Nur mit großem Fleiß können diese Hörzeichen dem Tier nach einigen Wochen so in Fleisch und Blut übergehen, dass es sie im Alltag auch in schwierigen Situationen befolgt, das heißt genau dann ruhig ist, wenn der Mensch **RUHIG** verlangt, nachdem kurz angeschlagen wurde, was selbstverständlich zu akzeptieren ist.

Weitere Maßnahmen

Doch es gibt auch einfachere, recht wirkungsvolle Maßnahmen, die geeignet sind, den Belleifer von Kleinhunden etwas einzudämmen. So sollte man, sobald es an der Tür klingelt, immer das Phänomen der Stimmungsübertragung berücksichtigen und heimkehrende Kinder oder Besucher ruhig, freundlich und ohne jede Übertreibung begrüßen, damit sich zumindest durch den Besitzer keine weitere Aufregung auf das Tier übertragen kann.

Den Kleinhund, der sich hier über die Maßen aufregt, kann man für einige Minuten, wie bereits oben erwähnt, vor dem Öffnen der Tür in einen anderen Raum verbringen und für kurze Ruhe dadurch belohnen, dass man ihn nach dem Eintreten der Gäste/Kinder wieder einlässt. Bei vielen kleinen Hunden wirkt es wahre Wunder, wenn man Schlaf- und Futterplatz (auch Kauknochen u.Ä.!) prinzipiell aus dem Eingangsbereich entfernt und in Bereiche des Hauses verlegt, die möglichst weit von Wohnungstür und Hausflur entfernt sind. Diese Orte erfahren so in den Augen des Hundes eine deutliche Abwertung, und Verteidigungsbereitschaft sowie Belleifer können auf diesem Weg enorm gesenkt werden. Nicht vergessen werden sollte außerdem, dass auch eine mangelnde körperliche sowie geistige Auslastung zu übertriebenem Belleifer führen kann (siehe S. 25 „Spaziergänge mit dem Kleinhund"), ebenso eine falsche, zu energiereiche Ernäherung.

Wichtig
Allein im Garten

Viele Kleinhunde, die sich oft allein und unkontrolliert im Garten oder auf dem Balkon aufhalten, feiern hier durch ihr Gebell bei der „Vertreibung" von Passanten oder anderem Getier regelmäßig aus ihrer Sicht große Erfolge. Dadurch ist die Gefahr, dass sie dieses Verhalten auch mit in die Wohnung nehmen oder es aber innerhalb derselben zumindest verstärkt zeigen können, sehr groß. Ein häufiger, unkontrollierter Aufenthalt draußen ohne den Menschen kann für die Eindämmung des Belleifers somit äußerst hinderlich sein.

Unangemessenes Verhalten und seine Kontrolle

Kleinhunde können aufgrund der in der Regel sehr hohen Aufmerksamkeit und Zuwendung ihrer Menschen durchaus kleine „Star-Allüren" entwickeln, denen man auf jeden Fall entgegenwirken sollte, da diese für Mensch und Tier sehr unangenehm werden können. Generell sollte auch hierbei erneut oberste Prämisse sein, situations-

unangemessenes Verhalten des Kleinhundes ernst zu nehmen und weder zu verniedlichen noch zu belächeln. Gemeint sind hier Situationen, in denen der Kleinhund rein affektiv und situationsgebunden unangemessenes Verhalten zeigt, das unberechtigt ist und deutlich macht, dass er die Welt und sich selbst falsch wahrnimmt. Der knurrende Kleinhund am Futternapf oder am Kauknochen hat eine solche verzerrte Wahrnehmung, denn tatsächlich denkt niemand ernsthaft daran, ihm etwas wegzufressen. Sein Verhalten ist schädlich für ihn, denn er steht unter vermeidbarem Stress und begibt sich sogar in große Gefahr, wenn er nicht gestattet, dass sein Mensch ihm auch einmal etwas eventuell völlig Ungeeignetes wegnimmt. Bedenkt man, dass für einen Kleinhund bereits eine Tafel Bitterschokolade wegen des darin enthaltenen Theobromins lebensgefährlich werden kann (siehe S. 89), so leuchtet die Notwendigkeit entsprechender Maßnahmen umso deutlicher ein. Am sinnvollsten ist es natürlich, wenn der Kleinhund von Anfang an lernt, dass der Mensch am Futternapf oder am Kauknochen nichts Negatives ist, und er so erst gar kein unangemessenes Verhalten entwickeln kann. Damit das möglich ist, sollte der Mensch, der sich dem fressenden oder kauenden Hund nähert, zunächst positiv besetzt werden. Dies zu erreichen ist recht leicht. Man nähert sich dem fressenden Hund möglichst von vorn mit einem leckeren kleinen Happen in der Hand, spricht ihn freundlich an (**GUCK MAL** u. Ä.) und reicht ihm diesen auf der Höhe des Futternapfes. Dabei ist eine gelassene und souveräne Körpersprache von großer Bedeutung: Weder sollte man sich in unterwürfiger Haltung anschleichen noch eine drohende Pose annehmen. Wichtig ist auch, dass das Leckerchen in seiner Attraktivität nicht gegenüber dem Inhalt des Napfes abfällt. Wiederholt man dies innerhalb zwei Wochen etwa sechs bis sieben Mal, so lernt der Hund sehr rasch, dass der Mensch am Fressnapf oder am Kauknochen keine Bedrohung darstellt. Man hüte sich jedoch bei dieser Übung vor schädlichem Übereifer. Schon so mancher Hund hat am Futternapf Aggressionen entwickelt, weil er täglich traktiert wurde und kaum Zeit fand, in Ruhe zu fressen. Sobald das Tier nun auf die

GUCK MAL und ein Leckerchen helfen dem Hund zu erkennen, dass die menschliche Hand am Kauknochen ihm nichts Böses will.

Annäherung des Menschen gewünscht gelassen reagiert, kann man den Napf oder Knochen kurz wegnehmen. Dann wartet man einen kurzen Moment der Ruhe ab und belohnt das Tier, indem es seinen Napf/Knochen wieder zurückerhält. Damit es auch weiterhin mit dem Abnehmen von Fressbarem keine Probleme gibt, empfiehlt sich alle ein bis zwei Wochen eine einmalige Wiederholung. Sollte der Kleinhund zu irgendeinem Zeitpunkt mit Unmutsäußerungen reagieren, darf er den Napf im Anschluss daran nicht zurückerhalten, da er dies als Belohnung für sein Verhalten empfinden würde. Schieben Sie den Hund in einem solchen Fall ruhig und souverän etwas beiseite und tragen den Napf wortlos weg; ebenso sollte beim Kauknochen verfahren werden. Zeigt der Hund dieses Verhalten beim nächsten Versuch erneut, muss die Vorgehensweise dieselbe sein, zusätzlich empfiehlt es sich dringend, zur inneren Stabilisierung strukturfördernde Erziehungsmaßnahmen zu ergreifen.

Achtung! Bei einer ausgewachsenen Futteraggression, bei der das Tier alles Fressbare heftig verteidigt und sogar zu beißen droht, ist die beschriebene Vorgehensweise nicht geeignet. In einem solchen Fall, bei der die Futterverteidigung oft nur ein Symptom eines ganzen Bündels von Problemen ist, empfiehlt es sich, einen Verhaltensexperten zurate zu ziehen.

Gefundene Abfälle sollten dem Hund unmittelbar abgenommen werden...

Wichtig
Nicht zusammen füttern

Man sollte unbedingt darauf verzichten, Kleinhunden, die nicht friedlich zusammen in einem gemeinsamen Haushalt leben, gleichzeitig Leckerchen oder Kauknochen zuzustecken. Nicht alle sind imstande einen anderen fressenden Hund neben sich zu dulden, und auch Verwandtschafts- oder vom Menschen interpretierte Freundschaftsbande sind kein Schutz vor regelrechten Schlachten, die sich Kleinhunde in solchen Situationen liefern können.

Situationsunangemessenes Verhalten zeigen Kleinhunde mitunter auch, sobald sie Körperkontakt oder Nähe zu ihrer Hauptbezugsperson haben. Dieses Verhalten, das sich oft gegen andere Menschen, manchmal sogar Familienmitglieder richtet, ist ebenso unangebracht wie im bereits beschriebenen Fall und bereitet Mensch sowie Hund vermeidbaren Stress. Zunächst einmal gilt, bereits auf kleinste Unmutsäußerungen des Kleinhundes gegen Zweibeiner, wie leises Knurren usw., sofort – und zwar richtig – zu reagieren: keine Ansprache, kein Streicheln, keine beruhigenden Worte, keine Leckerchen. Befindet sich der Hund in einem solchen Moment auf dem Arm, dem Schoß, dem Sofa usw., so sollte man ihn sofort auf den Boden setzen, ihm sodann jegliche Aufmerksamkeit entziehen und auf diesem Weg deutlich machen, dass man mit seinem Verhal-

...damit Streitigkeiten, die für den Kleinen böse ausgehen können, vermieden werden.

ten nicht einverstanden ist. Eine erneute Kontaktaufnahme sollte erst dann erfolgen, wenn der Hund sich mindestens mehrere Minuten völlig ruhig verhalten hat. Befindet sich der kleine Hund bereits auf dem Boden, sollte zumindest keine Ansprache erfolgen, sofern er andere Menschen anknurrt. Wenn möglich, empfiehlt es sich immer, dem knurrenden Hund den Rücken zuzudrehen und sich einige Schritte von ihm zu entfernen. Außerhalb des Hauses kann man in solchen Situationen natürlich nur so reagieren, wie es die Lage erlaubt, beruhigende Worte sind jedoch immer ein Tabu. Selbstverständlich muss man in allen Fällen, in denen der Kleinhund andere Menschen im Beisein seiner Hauptbezugsperson anknurrt, eine gründliche Analyse des Gesamtverhaltens vornehmen und darf dabei auch das eigene Verhalten nicht außen vor lassen. In jedem Fall ist die Beachtung aller strukturfördernden Kommunikationsregeln eine ebenso große Hilfe wie die kontrollierte Zuweisung von Privilegien (siehe ab S. 81). In schwierigen Fällen wird man sich unter Umständen auf eine zumindest vorübergehende, komplette Streichung von Sonderrechten einstellen müssen.

Da dies vor allem vom Menschen eine ganz bewusste Verhaltensumstellung im Alltag erfordert, sollte man bei großen Problemen im genannten Bereich professionelle Hilfe in Anspruch nehmen.

Wie man Zerstörungen verhindert

Beim Kleinhund, vor allem beim Kleinhundwelpen, sind hier Kontrolle und ein gutes Auge Grundvoraussetzungen. Das Letztere ist ganz wörtlich zu verstehen, denn man bemerkt es einfach weniger schnell, wenn der kleine Hund sich an einer Teppichfluse zu schaffen macht! Zugleich muss man sich gezielt vornehmen, den Kleinhund auch hier ernst zu nehmen, denn die Spuren der Zerstörung fallen beim Kleinhund mitunter viel weniger drastisch aus und sind damit natürlich auch weniger ärgerlich. Wiederum gilt, schon auf vermeintliche Kleinigkeiten zu reagieren, und immer dann, wenn der Hund etwas Ungeeignetes „bearbeitet", regulierend einzuschreiten. Lang- und mittelfristig sollte jeder Kleinhund das Abbruchsignal **NEIN** (S. 120) erlernen. Bis er dies jedoch begriffen hat, sollte man den jeweiligen Gegenstand wortlos abnehmen und dem Hund eine Alternative zum Tausch anbieten. Es versteht sich, dass dies nur

Hat der Hund NEIN noch nicht gelernt, kann man ungeeignete Dinge gegen ein Leckerchen tauschen.

möglich ist, wenn man anwesend ist und den Hund auf frischer Tat
ertappen kann. Die Sinnlosigkeit verspäteter Maßnahmen wurde an
anderen Stellen bereits ausführlich besprochen, sie gilt an diesem
Ort gleichermaßen!

Keinesfalls sollte man bei dem bloßen Tausch stehen bleiben, so ver-
führerisch, weil bequem dies auch erscheinen mag. Die Gefahr
nämlich, dass der Hund sich durch die angebotene Alternative in
Form von Spielzeug oder Kauknochen in seinem Verhalten belohnt
fühlt, ist groß. Sobald das Hörzeichen **NEIN** also etabliert ist, sollte
man es in „Zerstörungssituationen" auch anwenden, um dem Hund
eine klare Einschätzung der Lage zu ermöglichen.

Zusätzlich empfiehlt es sich, darauf zu achten, dass sich beim Kleinhund keine Zerstörungen aus Frust darüber einschleichen, dass er

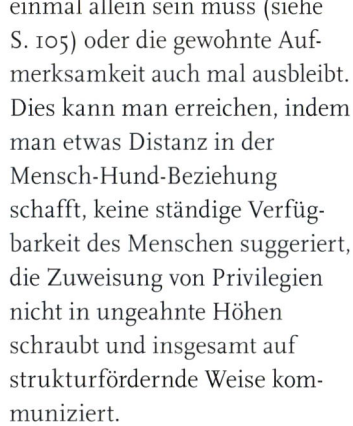

einmal allein sein muss (siehe
S. 105) oder die gewohnte Aufmerksamkeit auch mal ausbleibt.
Dies kann man erreichen, indem
man etwas Distanz in der
Mensch-Hund-Beziehung
schafft, keine ständige Verfügbarkeit des Menschen suggeriert,
die Zuweisung von Privilegien
nicht in ungeahnte Höhen
schraubt und insgesamt auf
strukturfördernde Weise kommuniziert.

Erlernen und Anwenden des Abbruchsignals NEIN

Jeder Kleinhund sollte ein klar umrissenes Signalwort kennenlernen, das ihn veranlasst, unerwünschte Verhaltensweisen abzu-
brechen, und ihm somit eine verlässliche Orientierung im Zusammenleben mit dem Menschen möglich macht. Dabei sollte man
zwei aufeinanderfolgende Lernschritte unterscheiden.

Schritt 1
Verknüpfung

Schritt 1 muss in der Verknüpfung bestehen: Der Kleinhund lernt
hier die Bedeutung des Wortes **NEIN**. Hierzu nehme man sich ein
Leckerchen von mindestens Ein-Euro-Größe und setze sich zu dem
Hund auf den Boden. Das Leckerchen soll dem Hund in der geöffne-
ten Handfläche mit etwa 10 bis 20 Zentimeter Abstand gezeigt werden. Streckt der Hund nun seine Nase in Richtung Handfläche, so
schließe man die Hand schnell zur Faust und sage ein unmissver-
ständliches **NEIN**. Der Tonfall muss dabei der Sensibilität des Tieres
angepasst werden.
Ignoriert der Hund das **NEIN** komplett und versucht dennoch alles,
um an das Leckerchen zu gelangen, so ist der gewählte Tonfall nicht
geeignet, eine Verknüpfung zu ermöglichen, und man muss etwas
energischer zur Sache gehen. Ist das Tier hingegen völlig verschüch-
tert, muss der Ton etwas neutralisiert werden. Ein guter Gradmesser
dafür, dass man den richtigen Ton getroffen hat, ist immer ein
Hund, der sein Verhalten zwar beeindruckt, aber ohne Anzeichen
von Ängstlichkeit einstellt.

Der Aufbau des
Hörzeichens NEIN
ist einfach.

Das rasche Verschließen der Hand gewährleistet zu Beginn, dass der Hund das NEIN nicht missachten kann.

Das **NEIN** und die sich schließende Hand sollten, damit ein bestmögliches Timing gewährleistet ist, gleichzeitig genau dann erfolgen, wenn der Hund *beginnt*, seine Nase in Richtung Hand zu strecken. Sobald der Hund nun seine Nase zurücknimmt, öffnet man die Hand. Folgen nun, was zu erwarten ist, weitere Versuche, den Kopf in Richtung Leckerchen zu strecken, gibt man erneut Signalwort **NEIN** und die Hand schließt sich. Diese Übung sollte etwa zwei Mal täglich drei bis fünf Mal am Stück wiederholt werden. Das Leckerchen darf der Hund nach der Übung nicht erhalten, dies könnte im jetzigen Stadium nur zu unnötiger Verwirrung führen; ein verbales Lob hingegen ist bei entsprechender Akzeptanz durchaus angebracht. Bei einem sehr verfressenen Tier ist es klug, diese Übung in den ersten Tagen nicht vor, sondern nach der Fütterung durchzuführen. Bei einem eher wählerischen Kleinhund sollte man vor den üblichen Fütterungszeiten üben und muss bei der Wahl der

„Tabuobjekte" etwas erfinderisch sein. (Mit Trockenfisch oder Lachs-
keksen zum Beispiel lassen sich in der Regel auch „kleine Prinzen"
verführen!) Ziel ist, dass der Kleinhund – und das passiert bei rech-
tem Fleiß innerhalb weniger Tage – anhand dieser gestellten Situation beispielhaft lernt, was das Signalwort **NEIN** für eine Bedeutung
hat: „Lass sein, was du gerade tust oder gedenkst zu tun!" Versucht
der Hund nun, nachdem das **NEIN** gesagt worden ist, gar nicht
mehr an das Leckerchen zu gelangen, so kann man davon ausgehen,
dass die gewünschte Verknüpfung zwischen Wort und Handlung
stattgefunden hat.

Schritt 2
Auf andere
Situationen
übertragen

Im zweiten Schritt nun soll der Transfer auf andere Situationen des
Alltags versucht werden.
Zunächst werden weiterhin gestellte Situationen als Übungsfeld
genutzt, nun jedoch vermehrt solche, die im alltäglichen Hundeleben auch eine Rolle spielen. Doch Vorsicht: Überlegtes Vorgehen
ist nun äußerst wichtig, damit der Kleinhund lernt, dass der Mensch
sowohl willens als auch in der Lage ist, sein **NEIN** durchzusetzen.
Ertappen Sie den Hund nun bei einem Fehlverhalten, so müssen Sie
sich zuerst die Frage stellen, ob ein **NEIN** nun überhaupt durch-
setzbar ist. Erst wenn man dies mit einem eindeutigen „Ja" beant-
worten kann, darf das Signalwort ertönen. Das bedeutet also, dass
das **NEIN** zum jetzigen Zeitpunkt nur angewendet werden darf,
wenn man direkt am Hund ist und sofort eingreifen kann, falls das
Signalwort ignoriert wird.

Systematisch wer-
den die Übungs-
objekte für das NEIN
ausgeweitet.

Provozieren Sie nun ein bis zwei Mal täglich Situationen wie die folgende: Nehmen Sie eine alte Brötchentüte oder leere Wurstpackung (je nach Verfressenheit des Hundes!) und lassen sie „zufällig" direkt neben sich fallen. Sobald der Hund beginnt, sich in Richtung Tüte zu bewegen, sagen Sie sofort in angemessenem Tonfall **NEIN**. Ignoriert der Hund dies und versucht dennoch an das Objekt seiner Begierde zu gelangen, so greifen Sie augenblicklich zur Tüte und nehmen diese mit einem erneuten energischen **NEIN** weg. Ähnlich können Sie mit einer Bananenschale, einer leeren Kekspackung o.Ä. verfahren. Oberste Priorität aber muss dabei immer die schnelle Reaktion haben, damit der Hund keine Gelegenheit bekommt, das **NEIN** zu missachten, und sein eigentliches Ziel womöglich trotz Signalwort erreicht. Müssen Sie in diesem Stadium das **NEIN** zu oft wiederholen und haben das Gefühl, Ihr Hund reagiere nur schlecht mit dem gewünschten Verhaltensabbruch, so müssen Sie zu Schritt 1 zurückkehren und noch eine Weile mit Fleiß und Energie an diesem Punkt arbeiten.

Es empfiehlt sich, diese ersten Transferübungen nur innerhalb des Hauses oder draußen mit dem angeleinten Hund zu vollziehen, da

NEIN für Fortgeschrittene. Bitte nur nach sehr viel Vorübung!

man so die nötige Kontrolle besser ausüben kann. Akzeptiert der Kleinhund das **NEIN** in diesen ersten Transferübungen, die ein bis zwei Mal täglich stattfinden sollten, so können Sie bei der Auswahl Ihrer Tabuobjekte abwechslungsreicher werden und sollten auch die Orte, an denen diese „Übungen" stattfinden, ständig wechseln. Dabei kann das Aufsuchen eines anderen Zimmers hier schon eine völlig andere Situation schaffen, doch auch auf dem Spazierweg oder im Garten kann „zufällig" etwas verloren werden. Bitte achten Sie bei der Wahl der Tabuobjekte zur Festigung des Abbruchsignals **NEIN** immer darauf, keine solchen Objekte zu wählen, die der Hund ansonsten wie selbstverständlich zur freien Verfügung hat, etwa bestimmte Spielzeuge usw. Halten Sie sich ausschließlich an Dinge, die nicht für ihn gedacht sind. Als Variante für Fortgeschrittene können Sie sich auch scheinbar mit etwas Anderem beschäftigen, nachdem das, was auf dem Boden liegt, mit NEIN tabuisiert wurde, und das „gute Stück" nun auch für eine längere Zeit liegen lassen. Dabei müssen Sie aber immer auf dem Sprung und mit einem Auge beim Hund sein, keinesfalls darf gar der Raum verlassen werden, damit im Falle eines Falles das NEIN jederzeit wiederholt und durchgesetzt werden kann.

Ist man mit diesen Übungen an verschiedenen Plätzen mit unterschiedlichen Gegenständen erfolgreich und hat auch erreicht, dass ein Tabugegenstand länger als nur ein paar Sekunden (mindestens vier bis fünf Minuten) auf dem Boden liegen kann, ohne dass der Hund versucht, ihn in Anwesenheit des Menschen zu erhaschen, darf man dazu übergehen, das Signalwort NEIN auch im Alltag anzuwenden, wenn man möchte, dass der Kleinhund bestimmte Verhaltensweisen einstellt. Doch sollte der Hund nicht willkürlich damit überschüttet werden, und auch weiterhin ist die Frage der Durchsetzbarkeit stets vorher zu prüfen, um den bisherigen Erfolg nicht zu gefährden. Insgesamt wird man mit dem NEIN als Abbruchsignal umso erfolgreicher sein, je ganzheitlicher man Haltung und Erziehung des Kleinhundes wahrnimmt und alle Bereiche der täglichen Kommunikation hinsichtlich ihres erzieherischen Potenzials nutzt. Ein lediglich „Herumdoktern" mit NEIN an störenden Einzelsymptomen ohne sonstige gesamterzieherische Maßnahmen wird in den seltensten Fällen von Erfolg gekrönt sein. Was neben den vielen bereits genannten Dingen hier noch getan werden kann, erfahren Sie im nächsten Abschnitt.

Um Hochspringen abzugewöhnen, ist stummes Abwenden sowie der sofortige Abbruch des Blick- und Körperkontaktes zweckmäßiger als das Hörzeichen NEIN.

Weitere strukturfördernde Maßnahmen für den Alltag

Seit einigen Jahren nun halten wir – neben Schäfer- und Hütehunden – auch mehrere Kleinhunde und machen uns nichts vor: Die „Kleinen" genießen gewisse Sonderrechte, haben allein aufgrund ihrer geringeren Körpergröße mehr engen Kontakt, da sie problemlos auf den Schoß passen, und sind regelmäßige Besucher auf dem Sofa oder mitunter sogar im Bett. Beobachten wir uns gegenseitig, so stellt eine jede an der anderen fest, dass man auf Aufmerksamkeitsheischereien der „Kleinen" selbstverständlicher eingeht, als dies bei unseren „Großen" der Fall ist. Dieses allgemein verbreitete Phänomen im Umgang mit kleinen Hunden zeigt eines ganz deutlich: Kleinhunde sind häufig perfekte Manipulatoren und Aufmerksamkeitsheischer, die es mit Leichtigkeit verstehen, dem Menschen alltäglich eine ständige Bedürfnisbefriedigung nach ihren eigenen Regeln abzuverlangen. Warum dies erzieherisch schädlich sein kann und wie man dem entgegenwirkt, möchten wir im Folgenden erklären.

Vom Wesen der Hundeerziehung

Immer noch ist es weitverbreitet, klassische Erziehungsübungen wie **SITZ**, **PLATZ**, **FUSS** etc. für den Kern der Hundeerziehung zu halten. Tatsächlich handelt es sich bei diesen durchaus sinnvollen Übungen jedoch lediglich um Beiwerk, das zwar einen Beitrag zum gut erzogenen Hund leistet, eine konsequente, gesamtstrukturfördernde Kommunikation im Alltag jedoch auf keinen Fall ersetzen kann. Da man den größten Teil des Tages mit dem Hund innerhalb der eigenen vier Wände verbringt, kann und muss eine solche, das Tier positiv beeinflussende Kommunikation auch eben an diesem Ort den ganzen Tag über stattfinden. Denn hier lernt der Hund sich selbst und seinen Menschen einzuschätzen, erfährt, ob dieser souveräne Führungsqualitäten mitbringt oder nicht. Die Einschätzung diesbezüglich wird er mit sich tragen, ganz gleich, ob er sich schließlich drinnen oder draußen bewegt. Was die spezifische Situation in der Kleinhund-Mensch-Beziehung betrifft, so sind, wie am eigenen Beispiel geschildert, Bewegungs- und Entscheidungsfreiheit sowie „Wunscherfüllungsquote" des kleinen Hundes häufig groß. Problematisch nun ist dies, da ein soziales Lebewesen – und ein solches ist jeder Hund nun einmal ganz unbestritten –, dessen Bedürfnisse, Wünsche und Ansprüche keinerlei vernünftiger Regulierung unterliegen, seine sozialen Fähigkeiten ganz schnell verlieren kann. Sei es, dass sich eine völlig ungesunde Anspruchshaltung entwickelt,

die ihren Gipfelpunkt durchaus in einer aggressiven Verteidigungshaltung von Privilegien finden kann, sei es, dass ein eher unsicher veranlagtes Tier aufgrund ständiger Bedürfnisbefriedigung keinerlei zum Leben gehörenden Frust mehr erträgt und in eine destruktive Abhängigkeitsspirale gerät. Die wahrscheinlich harmloseste, aber dennoch oft genug unangenehme Folge ist schlicht ein ignoranter Kleinhund, der nicht begreifen kann, warum er an bestimmten Stellen oder zu bestimmten Zeiten allen Ernstes Hörzeichen seines Menschen befolgen soll und sich damit – aus seiner Sicht – völlig folgerichtig verhält. Strukturfördernde Kommunikation im Wohnbereich nun, die immer eine ver-

Die meisten Kleinhunde genießen wie selbstverständlich ein hohes Maß an Aufmerksamkeit …

nünftige Regulierung von Bedürfnissen beinhaltet, gibt dem Kleinhund ein gesundes erzieherisches Fundament, Selbstsicherheit und verhindert überzogene „Allüren". Sie ist eine gute Prophylaxe gegen die Entstehung von Verhaltensauffälligkeiten und kann solche ebenso gut regulieren helfen.

Konkret für den alltäglichen Umgang mit dem Kleinhund bedeutet dies zunächst eine Kanalisierung aufmerksamkeitsheischenden Verhaltens, eine möglichst weitgehend kontrollierte Zuweisung von Sonderrechten sowie die Tabuisierung bestimmter häuslicher Bereiche. So sollte man sich regelmäßig das Recht nehmen, Betteleien um Aufmerksamkeit und Körperkontakt auch einmal zu „übersehen", sodass es für den Kleinhund eine unspektakuläre und selbstverständliche Angelegenheit wird, ganz entspannt hinzunehmen, dass er keineswegs immer im Mittelpunkt stehen kann. Dabei sollte man dem Hund keinesfalls wortreiche Erläuterungen schenken, sondern – so wie es seiner eigenen Art eben auch entspricht – rein körpersprachlich und nonverbal agieren: Verzicht auf jeglichen Blickkontakt und körperliches Abwenden sind hier die adäquaten Mittel, deren Anwendung man sich in aller Regel bewusst vornehmen muss. Dieses mit einer gewissen Regelmäßigkeit einzuüben, ist übrigens besonders wichtig, wenn man Wert darauf legt, in Ruhe Besuch empfangen zu können, ohne dass der Hund danach strebt, die ihm seiner Meinung nach zustehende Aufmerksamkeit auch dann einzufordern, wenn Gäste im Haus sind.

Streben Sie nach einem ausgewogenen Verhältnis

Unter Beachtung des oben genannten Punktes sollte bei der Frage, wer zu welchem Zeitpunkt zu wem Kontakt aufnimmt, um Schmusen, Spielen usw. zu initiieren, ein ausgewogenes Verhältnis angestrebt werden. Es ist bei der Haltung eines Kleinhundes relativ utopisch zu verlangen, dass alle gemeinsamen Aktionen vom Menschen ausgehen müssen. Trotzdem sollte auch der kleine Hund neben dem Menschen, der ihn auch einmal ignoriert, jenen als Selbstverständlichkeit betrachten lernen, der von sich aus bestimmt, wann gespielt oder geschmust wird. Hierbei ist es erzieherisch zusätzlich von großem Nutzen, den Hund vor allem dann zum Kontakt aufzufordern, wenn er sich gerade unaufdringlich und ruhig verhält.

Auch durch die Regulierung der Zeitdauer gemeinsamer Aktionen der genannten Art kann und sollte die Bedürfniserfüllung des Tieres einen vernünftigen Rahmen bekommen: Schmusen oder spielen Sie nicht so lange, bis sich der Hund gelangweilt oder gar überdrüssig abwendet. Stellen Sie Ihr Tun regelmäßig zu einem Zeitpunkt ein, zu dem es für den Hund durchaus (und sichtbar!) noch von Wert ist. Setzen Sie das Tier vom Schoß, um zu signalisieren, dass Wünsche nicht endlos erfüllt werden, hören auf zu spielen bzw. zu streicheln oder drehen sich um und gehen weg. Übrigens: Das Lieblingsspiel-

...Diejenigen, die gelernt haben, dass der Mensch keineswegs ständig zur Verfügung steht, müssen deswegen noch kein problematisches Verhalten entwickeln.

zeug des Hundes sollte generell beim Menschen verbleiben und dem Tier nicht frei zur Verfügung stehen. Einmal abgesehen davon, dass es seine Attraktivität ansonsten sehr schnell einbüßen kann, hat der Mensch so jederzeit die Möglichkeit, den Hund auf eigene Initiative zu einem spannenden Spiel zu motivieren. Kann man dem Hund das Spielzeug gegen Ende des Spiels nicht ohne „Theater" abnehmen, so sollte man ihn ignorieren und weggehen. Alleine wird ihm sein Spielzeug schnell uninteressant werden. Sobald er es fallen lässt, kann man es in Ruhe aufnehmen und wieder wegschließen. Der Kleinhund sollte außerdem lernen, damit klarzukommen, dass auch einmal nichts passiert und bestimmten gemeinsamen Aktionen regelmäßige Phasen folgen, in denen er selbst seinem persönlichen Ruhebedürfnis nachkommen kann und auch sein Mensch

Jeder Kleinhund sollte sich auf Aufforderung des Menschen ohne Murren von Sofa oder Bett schicken lassen.

Dinge für sich ganz allein tut, bei denen er nicht gestört werden will. Auf diese Weise wird die Verfügbarkeit des Menschen ein weiteres Mal reguliert und die Entstehung sozial schädlicher Ansprüche verhindert. Dabei ist es relativ gleich, womit der Mensch sich nun beschäftigt: Eine von uns entspannt sich bei bestimmten Computerspielen und ist hier absolut unansprechbar, was von allen ihren Hunden respektiert wird. Eine andere telefoniert fast täglich ausgiebig mit einer im Ausland lebenden engen Freundin, und ihre Hunde wissen, dass eine Kontaktaufnahme zu diesem Zeitpunkt völlig sinnlos ist, weil sie nicht „beantwortet" wird. Wichtig ist hier lediglich die eingenommene Haltung: „Jetzt nehme ich mir Zeit für mich und du bist später wieder dran!"

Kontrollierte Privilegien- vergabe

Die unkontrollierte Inanspruchnahme von Privilegien wie eine komplette Bewegungsfreiheit, ein unkontrollierter und freier Zugang zu Futter und sonstigen Leckereien können sehr negative soziale Folgen haben und sollten aus diesem Grund ebenfalls einer Regulierung unterliegen.

Sofern man seinem Kleinhund partout den Aufenthalt auf dem Sofa oder gar im Bett gestatten möchte, sollte man weitestgehend darauf achten, dass das Tier diese Plätze zumindest bei Anwesenheit des Menschen nur auf dessen Aufforderung nach einem entsprechenden Hörzeichen wie **HOPP** einnimmt und vor allem auf Aufforderung jederzeit wieder verlässt, was vom Menschen immer einmal wieder eingefordert werden sollte. Keinesfalls darf der Hund nämlich dem Irrglauben verfallen, Plätze dieser Art gehörten ihm, und zwar nur

ihm. Um unaufgeforderten Versuchen entgegenwirken zu können, empfiehlt sich wieder einmal die Etablierung des Hörzeichens **NEIN** (siehe S. 120). Insgesamt muss man sich in Sachen Privilegienzuweisung bestimmte grundsätzliche Dinge unbedingt klarmachen. Hunde neigen stark dazu, aus der Gewährung gewisser Sonderrechte weitere Rechte abzuleiten oder gar einzufordern. Diese können in direktem Zusammenhang mit dem gewährten Recht stehen, sich durchaus aber auch auf ganz andere Bereiche erstrecken. Das heißt, die Gefahr, dass der Kleinhund durch die Einräumung bestimmter Dinge Kapriolen entwickelt oder schlicht erzieherisch unkooperativ und ignorant wird, ist durchaus gegeben. Aus diesem Grund sollte man unbedingt die eigenen Erwartungen an den Hund prüfen, auch

Bei der kontrollierten Privilegienvergabe bestimmt der Mensch Dauer und Zeitpunkt des Aufenthalts auf Sofa oder Bett.

bevor man kontrolliert privilegiert: Ist man damit einverstanden, in Sachen Gehorsam eventuell einige Abstriche zu machen? Ein weiterer Prüfstein an dieser Stelle muss das eigene Hundeindividuum und/oder seine Rassezugehörigkeit sein. Bei hartnäckigen und sehr eigenwilligen Vertretern können wir auch eine kontrollierte Gewährung von Privilegien wie Sofa, Bett usw. nur in absoluten Ausnahmefällen gutheißen. Bestimmte Kleinhunde (siehe ehemalige Arbeitshunderassen) benötigen aufgrund ihrer rassespezifischen Veranlagung konsequente Tabus, und auch die kontrollierte Zuweisung von Privilegien kann bei ihnen schnell nach hinten losgehen, während vor allem die sogenannten Gesellschaftshunde unter den Kleinhunden meistens recht gut damit zurechtkommen.

Tabuzonen setzen

Eine konsequente Tabuisierung gewisser Bereiche im Haus kann sich im Hinblick auf die gesamterzieherische Situation ebenfalls sehr positiv auswirken.

So ist die Tabuisierung eines bestimmten Zimmers (Badezimmer, Kinderzimmer etc.) erzieherisch von großem Nutzen, da der Kleinhund bei entsprechender Konsequenz so lernen kann, dass Grenzen etwas Natürliches und Alltägliches sind und keinerlei Aufregung bedürfen.

Während des Essens sollte man zumindest von den schon oft zitierten Vertretern der Arbeitsrassen das Einhalten einer Individualdistanz verlangen und nicht dulden, dass sie unter dem Tisch liegen. So kann man täglich ganz nebenbei Grenzen ziehen, die die sozialen Fähigkeiten des Hundes fördern und die er versteht, da Nahrungsaufnahme und Individualinstanz für ihn selbst ebenfalls von existenzieller Bedeutung sind. Eine Hausleine, die in der Nähe des Körbchens oder des Schlafplatzes befestigt ist, ermöglicht eine sou-

Bleibt der Hund nicht auf Hörzeichen in seinem Körbchen, kann der Einsatz einer Hausleine sehr sinnvoll sein.

veräne Durchsetzung dieser Erziehungsmaßnahme. So kann man auch Betteleien am Tisch entgegenwirken, die man bei allen Kleinhunden ignorieren sollte, da diese auch bei nur gelegentlichem Erfolg aufmerksamkeitshcischcndes Verhalten insgesamt enorm verstärken können.

Weiterhin positiv, weil strukturfördernd, wirkt sich der kontrollierte Zugang zu Futter und Leckereien aus. Das bedeutet, dass der Kleinhund kein Futter zur ständigen freien Verfügung in seinem Napf haben sollte und für eine kleine Leckerei nebenbei, in Form einer Kaustange usw., durchaus erst ein kurzes **SITZ** oder **PLATZ** zeigen kann (zur Fütterung siehe auch ab S. 89).

Übrigens sollten Kleinhunde mit einer Aggressionsproblematik innerhalb der Familie unbedingt schon rein aus Sicherheitsgründen zu einer individuellen Ursachenanalyse einem Experten vorgestellt werden, bevor man einschränkende Maßnahmen der genannten Art ergreift.

Kurz gefasst
Ganzheitliche, strukturfördernde Erziehung

Die Kanalisierung aufmerksamkeitsheischenden Verhaltens, die kontrollierte Zuweisung von Privilegien sowie die konsequente Tabuisierung bestimmter häuslicher Bereiche erhöhen die Anpassungs- und Kooperationsfähigkeit des Kleinhundes ungemein, verhindern Verhaltensauffälligkeiten und fördern das Funktionieren der sozialen Gemeinschaft innerhalb und außerhalb des Hauses. Sie sind der Kern einer strukturfördernden Erziehung und Kommunikation.

Die klassischen Erziehungsübungen

Grundsätzliches zur Erziehung

Die im folgenden beschriebenen, sogenannten klassischen Erziehungsübungen folgen in ihrem Ablauf alle einem lerntheoretischen Prinzip, das man unbedingt verinnerlichen sollte; es beinhaltet verschiedene aufeinanderfolgende und ineinandergreifende Schritte:

Die Verknüpfung

Zunächst muss der Hund lernen, was mit einem bestimmten Wort (und ggf. dem dazugehörigen Sichtzeichen) wie **SITZ** o. Ä. gemeint ist. Die Verknüpfung eines Wortes mit einer bestimmten Handlung ist also das erste zu erreichende Ziel. Dazu kann man warten, bis der Hund dieses Verhalten von sich aus zeigt. Wesentlich mehr Übungssituationen jedoch lassen sich provozieren, indem man die gewünschte Verhaltensweise ganz gezielt hervorruft; wie, werden wir innerhalb der einzelnen Übungen erklären. Damit dies erfolgreich sein kann, muss die für die angestrebte Verknüpfung notwendige Übungssituation regelmäßig und häufig genug aufgesucht werden. In der Phase der Verknüpfung (und oft auch darüber

hinaus) muss man die richtige Handlung des Hundes positiv verstärken, das heißt belohnen, was mit möglichst kleinen Leckerchen am einfachsten zu realisieren ist, da das Handling hiermit unkompliziert und bei gutem Timing punktgenau ist. Für diese Phase der Verknüpfung wählt man – ganz gleich für welche Übung – zunächst ablenkungsfreie bzw. -arme Umgebungen. Stellt man fest, dass der Hund hier eine erfolgreiche Verknüpfung vollzogen hat, was man daran erkennt, dass er dort mit der gewünschten Handlung auf das jeweilige Hörzeichen reagiert, tritt man in die nächste Lernphase.

Übertragung auf andere Situationen

Ziel dieser Lernphase ist, eine Generalisierung sowie einen Transfer zu gewährleisten, damit das Hörzeichen auch in anderen Situationen und etwas später (je nach Übungseifer) auch im Alltag zuverlässig befolgt wird. Dabei muss man dem gegenwärtigen Lernstand vor allem zwei Faktoren schrittweise neu anpassen und immer wieder verändern:
▶ die Ablenkung (verschiedene Übungsorte), unter der bestimmte Hörzeichen trainiert werden, sowie
▶ die Dauer der Übungen.

Es empfiehlt sich immer nur eine leichte Erhöhung der Anforderung, der beste Gradmesser ist dabei der gerade erreichte Erfolg: Erst wenn etwas unter leichter Ablenkung sehr gut „sitzt", kann man Übungen unter mittlerer Ablenkung (und/oder von längerer Dauer) anpeilen usw. Auch hier sind Regelmäßigkeit und Häufigkeit unverzichtbare Größen. Egal jedoch, in welcher Lernphase man sich gerade befindet: Prinzipiell sollte dafür Sorge getragen werden, dass der Hund keine Gelegenheit bekommt, Hörzeichen, die sich gerade in der Aufbau- und Etablierungsphase befinden, zu „überhören", denn dies gefährdet den erreichten Status quo und macht ein weiteres Voranschreiten unmöglich. Man kann das durch geschicktes Agieren und durch Absicherungen wie die Leine (je nach Lernziel entweder lang oder kurz) erreichen. In keiner Phase aber sollte man auf die unglaubliche Wirkung der Stimmungsübertragung verzichten: Lob und freudige Stimmung im richtigen Moment (denken Sie immer an die Zwei-Sekunden-Regel!) über das, was das Tier richtig macht, sind wichtige Bausteine auf dem Weg zum Erfolg.

Hier wird das SITZ noch nicht gefordert, sondern lediglich gezeigt.

SITZ

Lernziel 1

Der Kleinhund lernt die Bedeutung des Wortes **SITZ**, des Wortes **LAUF** sowie das Sichtzeichen für **SITZ**.

So wird's gemacht

In dieser Phase wird das Hörzeichen nicht gegeben, um zu erreichen, dass der Hund sich hinsetzt. Da es uns (noch) lediglich um die Verknüpfung von Wort und Handlung geht, erhält das Tier Hör-

und Sichtzeichen erst, wenn es sich hinsetzt und keinesfalls früher. Nehmen Sie in ablenkungsfreier Umgebung (Wohnung, ruhiger Spazierweg) ein kleines Leckerchen zur Hand, machen den Hund mit **GUCK MAL** o. Ä. darauf aufmerksam und halten es ihm direkt über die Nase. Optimalerweise nimmt man den Belohnungshappen zwischen Daumen und Mittelfinger, so kann man den Zeigefinger abspreizen und der Hund lernt das entsprechende Sichtzeichen gleich mit. Beim Kleinhund ist es in dieser Phase außerordentlich wichtig, das Leckerchen nicht zu hoch zu halten, da er sich sonst nicht setzen, sondern mit hoher Wahrscheinlichkeit hochspringen wird. Selbstverständlich kann man sich zum Hund auf den Boden setzen oder in die Hocke gehen; in vielen Fällen wird dies die bequemere und effektivere Variante sein. Sobald sich der Hund nun hinsetzt, sollte sofort mit freudiger Stimme das Hörzeichen **SIIIETZ** sowie das Leckerchen gegeben werden. Damit der Kleinhund in diesem Stadium auch das Freizeichen **LAUF** verknüpfen lernt, gehen Sie,

nachdem das Leckerchen gegeben wurde, ein, zwei Schritte rückwärts oder machen eine ausholende Handbewegung und sagen
gleichzeitig ein freundliches **LAUF**. Sollte Ihr Kleinhund bereits aufstehen, bevor Sie **LAUF** sagen konnten, so geben Sie bitte das Hörzeichen, während er aufsteht; schließlich geht es im Moment nur
um das Kennenlernen des Hörzeichens **LAUF** und noch nicht um
SITZ UND BLEIB. Ein Leckerchen sollte es für **LAUF** aber nicht
geben, schließlich möchten wir an dieser Stelle das Sitzen auf Hörzeichen verstärken und nicht das Aufstehen. Je nach Konzentrations-
fähigkeit, Motivierbarkeit und Alter des Kleinhundes können Sie das
SITZ und **LAUF** fünf bis zehn Mal hintereinander, und das mehrmals am Tag mit größeren zeitlichen Abständen dazwischen üben.
Doch Achtung: Diese Übungen dürfen weder einen demotivierten
und gelangweilten und schon gar keinen überforderten (vor allem
bei Welpen besteht diese Gefahr) Hund hinterlassen. Sicherlich sind
häufige Wiederholungen nötig, doch die letzte Übung einer kurzen
Übungseinheit sollte das Tier immer noch mit Freude und Lust vollziehen, die jeder Besitzer seinem Kleinhund problemlos ansehen
kann. Übrigens darf der Hund für die **SITZ**-Übung keinesfalls
müde sein, was für diese und die folgenden Lernphasen gilt. Die
Gefahr, dass er sich hinlegt und nicht hinsetzt, ist sonst recht groß.

Lernziel 2   Der Kleinhund setzt sich auf das erste eingeforderte Hör- und Sichtzeichen **SITZ** in ablenkungsarmer Umgebung sofort hin.

Nach einiger Übung darf das SITZ schon ohne Ablenkung eingefordert werden.

Wichtig
Nicht über den Hund beugen

Man sollte innerhalb der SITZ- und PLATZ-Übungen vor allem bei unsicheren Kleinhunden immer darauf achten, körpersprachlich keinen zu großen Druck auszuüben, indem man sich unnötig stark über den Hund beugt.

So wird's gemacht

In dieser Phase darf das **SITZ** nun eingefordert werden. Ob der Hund schon so weit ist, erkennt man daran, dass das bloße Sichtzeichen für **SITZ** ohne Worte vom Hund befolgt wird, was in der Regel in ruhiger Umgebung recht schnell der Fall ist. Optimalerweise übt man in dieser Phase ausschließlich an der Leine, da man so wesentlich mehr Einfluss auf den Hund hat und die Gefahr, dass er sich entzieht, nicht besteht. Nehmen Sie ein Leckerchen (deutliches Sichtzeichen nicht vergessen!) in die eine und ggf. die Leine in die andere Hand. Geben Sie ein freundliches, aber ernst gemeintes **SITZ** mit einer deutlichen Betonung des „i", um Missverständnisse mit anderen Hörzeichen zu vermeiden. Sobald sich der Hund setzt, erhält er seine Belohnung plus Freizeichen **LAUF**. Sodann bauen Sie die Übung erneut auf: Gehen Sie ein paar Schritte mit der Leine in der Hand rückwärts, damit der Hund aufsteht, geben Sicht- und Hörzeichen **SITZ**, dann Leckerchen und freudiges **LAUF**.

Diese Übung kann in Abhängigkeit von den bereits genannten Größen einige Male nacheinander durchgeführt werden, wobei sich auch weiterhin drei bis vier Mal am Tag kurze Übungseinheiten von wenigen Minuten empfehlen.

Langsam aber stetig wird das SITZ in verschiedenste Alltagssituationen eingeführt.

Lernziel 3

Der Kleinhund setzt sich auf das erste Hör- und Sichtzeichen **SITZ** in ablenkungsarmer Umgebung hin und bleibt sitzen, bis er das Hörzeichen **LAUF** erhält. Voraussetzungen: Etablierung des Hörzeichens **NEIN**.

So wird's gemacht

Möchten Sie, dass Ihr Hund über das Stadium der reinen Verknüpfung zwischen Wort und Handlung hinauswächst, und erreichen, dass er sich nicht nur setzt, sondern auch kurz sitzen bleibt, so sollten Sie die folgende kleine erzieherische Herausforderung auf sich nehmen. Leine und Leckerchen sollten dabei zunächst auch weiterhin obligatorisch sein. Halten Sie die Leine in der Hand und geben Hör- und Sichtzeichen **SITZ**. Sobald der Hund nun Anstalten macht aufzustehen (erinnern Sie sich ans „Hineinreagieren?"), sagen Sie sofort **NEIN** (nicht zu streng, aber auch nicht zu freundlich!) und geben direkt im Anschluss ein erneutes deutliches Hör- und Sichtzeichen **SITZ**.

Achtung! Sollte sich der Hund auf diese Korrektur hinlegen, war der Tonfall eventuell zu streng. In einem solchen Fall kann man ihm mit einem sanften **SIIETZ** plus Leckerchen über der Nase nach oben helfen und es etwas später erneut versuchen. Klappt hingegen alles wie gewünscht, so warten Sie kurz ab (drei bis fünf Sekunden reichen für die ersten Übungstage völlig aus) und geben schließlich Freizeichen **LAUF**. Der Kleinhund – insbesondere der Welpe – sollte während dieser Phase insgesamt nicht länger als zehn bis maximal fünfzehn (beim ausgewachsenen Kleinhund) Sekunden sitzen bleiben. Nach einer Korrektur sollte er nur noch einmal kurz sitzen, zwei bis drei Sekunden sind ausreichend. Das kurze (!) Sitzenbleiben sollte drei bis vier Mal täglich, jeweils zwei bis drei Mal hintereinander ohne Ablenkung geübt werden. Am Ende einer Übungseinheit empfiehlt sich zur Belohnung und Entspannung ein kurzes Spiel.

Lernziel 4

Der Kleinhund setzt sich auf Hör- und Sichtzeichen **SITZ** sofort hin und bleibt auch unter langsam steigender Ablenkung an verschiedenen Orten kurz sitzen, bis er Freizeichen **LAUF** erhält.

So wird's gemacht

In dieser Lernphase sollte das **SITZ** langsam und schrittweise den Charakter einer isolierten Übung verlieren und fließend in verschiedenste Alltagssituationen eingebaut werden. Folgende erweiterbare Situationen sind dabei denkbar:

Achten Sie auf eine deutliche Körpersprache beim LAUF.

▶ Der Mensch zieht vor dem Spaziergang seine Jacke an, der Hund sitzt, bis er Freizeichen **LAUF** erhält.

▶ Der Mensch öffnet das Auto, der Hund sitzt, bis er das Freizeichen **LAUF** erhält und einsteigen darf bzw. ins Auto gehoben wird.

▶ Vor der Fütterung sitzt der Hund kurz vor dem Futternapf (Achtung: gehobenes Niveau!), bis er das Freizeichen erhält und fressen darf.

▶ Der angeleinte Hund sitzt am Straßenrand, bevor er das Freizeichen erhält und mit seinem Menschen die Straße überquert.

▶ Der Hund sitzt am Wegesrand, während ein Jogger oder Radfahrer passiert; nach dem Freizeichen darf er weiterlaufen.

▶ Der Hund sitzt, bevor man die Haus- oder Wohnungstür öffnet und gemeinsam hinausgeht.

Der Tunnel hilft auch den Kleinsten das PLATZ angstfrei zu lernen.

Man sollte in dieser Phase mit der Übungssituation beginnen, die den Hund am wenigsten erregt und ablenkt, und sich die für das eigene Hundeindividuum schwierigste, als zu erarbeitendes Fernziel, aufheben. Sollte der Hund – egal in welcher Situation des Alltags – bereits vor dem Freizeichen aufstehen, so bleibt die schnelle Korrektur wichtig: sofortiges **NEIN** und direkt anschließendes erneutes **SITZ**. Durch die vielen Anwendungsmöglichkeiten im Alltag wird – sofern man diese täglich mehrfach nutzt – ein isoliertes Üben kaum noch nötig sein; die Regelmäßigkeit der Anwendung sorgt dafür, dass dem Hund das Hörzeichen in Fleisch und Blut übergehen kann. Nicht außer Acht lassen sollte man unbedingt, dass längeres Sitzenbleiben – gar von mehreren Minuten – für alle Hunde sehr anstrengend ist: Beim ausgewachsenen Kleinhund sollten ein bis zwei Minuten nicht überschritten werden, beim Welpen und Junghund reichen einige Sekunden. **SITZ UND BLEIB** empfiehlt sich daher generell für Situationen, die, so wie die oben aufgezählten, nur eine kurze „Steadyness" verlangen. Ebenso unnötig für den Alltag und auch kontraproduktiv, weil nicht kontrollierbar, ist es, dem Hund **SITZ** abzuverlangen und sich außer Sichtweite zu begeben. Leckerchen für **SITZ** müssen nun übrigens nicht mehr, oder nur noch gelegentlich, gegeben werden. Eine freundliche kurze Verstärkung der gewünschten Handlung mit der Stimme („Gut!") hingegen sollte obligatorisch bleiben.

Kurz gefasst
SITZ

Um mit dem Hörzeichen SITZ erfolgreich zu sein, sollte man kleinschrittig vorgehen und erst, wenn ein Lernziel zufriedenstellend erreicht ist, das nächstschwierigere anstreben. SITZ UND BLEIB regelmäßig in den Alltag einzubringen, hat dabei als Endziel nicht nur praktischen und direkten Nutzen. Es leistet bei konsequenter Haltung des Menschen auch einen Beitrag zur strukturfördernden Kommunikation mit dem Kleinhund.

PLATZ

Lernziel 1

Der Kleinhund lernt die Bedeutung der Wörter **PLATZ** und **LAUF** sowie das Sichtzeichen für **PLATZ**.

So wird's gemacht

Legen Sie sich ein Leckerchen auf die Handfläche und halten den Daumen darüber, um es zu fixieren. Setzen Sie sich dann mit ausgestreckten Beinen auf den Boden und machen den Hund mit **GUCK MAL** auf sich aufmerksam. Zeigen Sie ihm das Leckerchen und winkeln dabei Ihre Beine ganz leicht an, sodass diese einen kleinen „menschlichen Tunnel" bilden. Versuchen Sie nun, den Hund mit Hilfe des Leckerchens unter diesen „Tunnel" zu locken. Die Beine

dürfen dabei nicht zu stark angewinkelt sein, da gerade der Kleinhund sonst nicht ausreichend animiert wird, sich beim Durch-
schlüpfen klein zu machen und schließlich hinzulegen. Sobald er
nun unter Ihre Beine geschlüpft ist, legen Sie die Hand flach und
bewegungslos auf den Boden, sodass der Hund das Leckerchen nicht
mehr sehen kann. Auf diese Weise soll er das Sichtzeichen für
PLATZ kennenlernen. Sobald er sich nun hinlegt, erfolgt Hörzeichen **PLATZ**, der Hund bekommt die Futterbelohnung und erhält
direkt im Anschluss Freizeichen **LAUF**. Der Vorteil dieser kleinen
turnerischen Übung ist, dass der Hund sich ganz von selbst hinlegt
und man körperlich keinerlei Druck ausüben muss, was bei vielen
Kleinhunden nur Panik und Widerwillen hervorruft. Bei einigen
Hunden reicht es auch aus, einfach nur die Hand mit dem Leckerchen darunter – ganz ohne „Tunnel" – direkt vor ihre Nase zu legen,
um sie zum **PLATZ** zu provozieren. Besonders unsichere Kleinhunde sollten mit dieser Variante zum Hinlegen provoziert werden.
Dazu benötigt man zwar unter Umständen mehr Geduld, doch ist
der „menschliche Tunnel" für ängstliche kleine Hunde einfach nicht
gut geeignet. Um eine zuverlässige Verknüpfung zu gewährleisten,
sollte man diese Übung über den ganzen Tag verteilt mehrmals
ohne jegliche Ablenkung durchführen. Bei „kleinen Prinzen", die
sich für Trockenfutter als Leckerchen nicht zu einer Anstrengung
der beschriebenen Art überwinden können, muss man zu einer
besonderen Form der Belohnung greifen wie Trockenfisch, Lachs-
kekse etc. und die Übungen nur dann durchführen, wenn das Tier
Appetit hat und die letzte Fütterung schon länger zurückliegt.

Lernziel 2

Der Hund reagiert ohne Ablenkung auf das bloße Sichtzeichen für
PLATZ – die flache Hand –, indem er sich sofort und (noch) ohne
Hörzeichen hinlegt.

Hier reicht schon
das bloße Hand-
zeichen, um den
Hund ins PLATZ zu
bewegen.

So wird's
gemacht

Auch in dieser Phase erhält der Kleinhund das Hörzeichen ein weiteres Mal noch nicht, um zu erreichen, dass er sich hinlegt, sondern lediglich, wenn er sich hinlegt. Nehmen Sie erneut ein kleines Leckerchen zur Hand und machen den Hund auf sich aufmerksam. Führen Sie die flache Hand – nun ohne „Tunnel" – direkt vor dem Hund zu Boden. Sobald er sich hinlegt, erfolgt Hörzeichen **PLATZ**, er bekommt seine Belohnung sowie Freizeichen **LAUF**. Diese Übung sollte über den ganzen Tag verteilt mindestens fünfzehn bis zwanzig Mal stets mit Leckerchen durchgeführt werden. Es empfiehlt sich, die Plätze, an denen nun geübt wird, zu variieren, jedoch ohne die Ablenkung zu steigern. Dabei ist es völlig ausreichend, an verschiedenen Plätzen der Wohnung oder des Gartens (sofern der Hund dort nicht zu stark abgelenkt ist) zu üben. Auch auf ruhigen Spazierwegen kann die Übung durchgeführt werden.

Wichtig
Üben bei Kälte und Nässe

Bei weniger robusten Kleinhunden, insbesondere bei kurzfelligen und solchen ohne Unterwolle, sollte man bei PLATZ- und ggf. auch bei SITZ-Übungen in allen Phasen auf klimatische Bedingungen, wie Kälte und Nässe, Rücksicht nehmen. Scheuen Sie sich daher bei empfindlichen Naturen nicht, eine kleine Decke mitzunehmen, wenn Sie draußen üben möchten. Auf ein längeres Sitzen oder Liegen im Freien sollte man bei entsprechendem Wetter generell verzichten.

Lernziel 3

Der Kleinhund legt sich ohne Ablenkung und mit Leckerchen sofort hin, sobald sein Mensch Hör- und Sichtzeichen **PLATZ** gibt.

So wird's
gemacht

Sobald Lernziel 2 in vollem Umfang erreicht ist und der Hund sich auf das bloße Handzeichen ganz ohne Worte hinlegt, darf Lernziel 3 angestrebt werden. Weiterhin sollte auf eine ablenkungsfreie Umgebung geachtet und auf Leckerchen nicht verzichtet werden. Zeigen Sie dem Hund das Leckerchen in Ihrer Hand und geben unmittelbar im Anschluss daran Hör- und Sichtzeichen **PLATZ**. Das Sichtzeichen sollte deutlich ausgeführt werden, jedoch ohne eventuell bedrohlich wirkendes „Sich-über-den-Hund-Beugen". Liegt der Hund, erhält er seine Belohnung und das Freizeichen **LAUF**. Stellen Sie fest, dass der Hund auf das erste Hörzeichen nicht reagiert, sollten Sie sich keinesfalls dazu verleiten lassen, das Hörzeichen erneut

zu geben. Lassen Sie stattdessen hartnäckig und wortlos Ihre Hand auf dem Boden. Das Leckerchen erhält der Hund nur, wenn er sich tatsächlich hinlegt. In dieser Phase sollte das **PLATZ** nicht weniger als fünfzehn bis zwanzig Mal über den ganzen Tag verteilt an möglichst verschiedenen, ruhigen Plätzen geübt werden.

Lernziel 4

Der Kleinhund legt sich auf das erste Hör- und Sichtzeichen **PLATZ** in ablenkungsarmer Umgebung hin und bleibt liegen, bis er Hörzeichen **LAUF** erhält. Voraussetzungen: Etablierung des Hörzeichens **NEIN**.

So wird's gemacht

Es empfiehlt sich nun, auch in der Wohnung alle **PLATZ**-Übungen zur besseren Kontrolle an der Leine durchzuführen. Geben Sie Hör-

und Sichtzeichen **PLATZ** in etablierter Weise (nach wie vor Leckerchen nicht vergessen!). Da der Hund zu diesem Zeitpunkt noch
nicht weiß, dass **PLATZ** ab sofort **PLATZ UND BLEIB** bedeuten
soll, wird er nach kurzer Zeit wieder aufstehen wollen. Nun ist eine
schnelle Reaktion gefragt: Warten Sie mit der Korrektur nicht, bis
der Hund bereits aufgestanden ist, sondern reagieren unmittelbar
auf die erste Bewegung, die ein Aufstehen andeutet, mit einem energischen **NEIN** sowie einem sofortigen, erneuten Hör- und Sichtzei-

Im PLATZ bleiben:
Nur mit viel Übung
und Geduld zu er-
reichen.

chen **PLATZ**. Wie immer bei
Korrekturen, so muss auch hier
der Ton der Sensibilität des Tieres angepasst werden: Er sollte
energisch genug sein, um zu
erreichen, dass der Hund in der
gewünschten Weise reagiert und
sich erneut hinlegt, aber nicht so
energisch, dass er dabei völlig
eingeschüchtert wirkt. Legt sich
der Hund wieder hin, so warten
Sie kurz – es reicht zunächst
vollkommen aus, wenn er drei
bis vier weitere Sekunden liegen
bleibt – und entlassen ihn mit
einem freundlichen **LAUF**.

Achtung!

Vermeiden Sie den weitverbreite-
ten Fehler, dem Hund unmittelbar nach dem Aufstehen ein
Leckerchen zu geben, denn
damit belohnt man nicht die folgsame Ablage, sondern ungewollt
das Aufstehen! Außerdem sollte **PLATZ UND BLEIB** nicht zu oft
hintereinander geübt werden: Zwei bis drei Mal direkt hintereinander reichen, dies allerdings mindestens drei Mal täglich. Am Ende
der jeweiligen Übungssequenzen empfiehlt sich zur Entspannung
ein kurzes Spiel. Insgesamt braucht in dieser Phase keine zu ausgedehnte Abliegedauer angestrebt werden. Je nach Hund sind am Ende
dieser Stufe 20 bis 30 Sekunden, bevor das **LAUF** erfolgt, vollkommen ausreichend. Viel wichtiger ist nun, dass der Hund in ablenkungsarmer Umgebung auf das erste Hör- und Sichtzeichen reagiert
und lernt, dass **PLATZ** ab sofort **PLATZ** bedeutet und nicht selbstständig aufgehoben werden darf.

Lernziel 5

Der Kleinhund legt sich auf das erste Hör- und Sichtzeichen **PLATZ** bei langsam steigender Ablenkung hin und bleibt auch länger liegen, bis er Hörzeichen **LAUF** erhält. Voraussetzungen: Lernziel 4 ist in vollem Umfang erreicht.

So wird's gemacht

Auch Hörzeichen PLATZ sollte nach einer Weile in den Alltag überführt werden.

Bei diesem letzten Lernziel geht es darum, das bislang Erreichte in Situationen mit sanft steigender Ablenkung zu transferieren, das Liegenbleiben in immer mehr Alltagssituationen anzuwenden und darauf zu achten, dass der Hund auch hier lernt, das Hörzeichen nicht nach eigenem Gutdünken aufzuheben. Dabei sollte die Dauer der Ablage langsam bis auf mehrere Minuten gesteigert werden. Ab sofort muss nicht mehr für jedes **PLATZ** ein Leckerchen gegeben werden. Die Belohnung darf nun variabel erfolgen, um beim Hund auch weiterhin eine Erwartungshaltung aufrechtzuerhalten, der allerdings nicht mehr jedes Mal entsprochen werden muss. Am Ende dieser Stufe schließlich sollen die Leckerchen fürs **PLATZ** dann immer seltener gegeben und schließlich zur Ausnahme werden. Suchen Sie nun Plätze und Situationen auf, die den Hund zunächst leicht, sodann etwas stärker und schließlich stark ablenken. Planen Sie dabei durchaus mehrere Wochen (bei täglichem Üben) ein, freuen sich über jeden noch so kleinen Fortschritt und gehen zur nächsthöheren Schwierigkeitsstufe erst dann über, wenn die vorhergehende erfolgreich etabliert ist. Als Ablenkungsreize und neue Situationen bieten sich hier ähnliche Dinge wie beim **SITZ** (siehe ab S. 134) an; bei der schrittweisen Steigerung muss man sich an der individuellen Erregbarkeit des eigenen Hundes orientieren. Unbedingt wichtig ist dabei auch die eigene Verfassung: Prüfen Sie bei jedem Hörzeichen – bevor Sie es geben –, ob Sie gerade genügend Zeit und Nerven für die notwendige Kontrolle mitbringen. Sollte dies nicht der Fall sein, ist es immer besser, auf ein Hörzeichen zu verzichten und es zu einem geeigneteren Zeitpunkt anzuwenden. Es soll nicht verschwiegen werden, dass es sich hier um eine sehr anspruchsvolle Lernphase handelt, die vom Menschen bewusstes Augenmaß, viel Fleiß und hundertprozentige Konsequenz erfordert. Augenmaß, weil der jeweilige Lernstand immer genau beobachtet werden muss und die äußeren Anforderungen erst dann erhöht werden dürfen, wenn das Bisherige mindestens gut, besser aber sehr gut „sitzt". Fleiß, weil diese Stufe nur mit mehrfacher täglicher Anwendung zu erreichen ist, und Konsequenz, da eine lasche Haltung an dieser Stelle den Hund ganz schnell zu der Überzeugung gelangen lässt, menschliche Anweisungen seien leicht zu umgehen

und nicht ernst zu nehmen. Menschliche Inkonsequenz wird vom Hund häufig sehr schnell verallgemeinert, darunter kann schließlich nicht nur eine bestimmte Übung bzw. ein bestimmtes Hörzeichen leiden, im Gegenteil: Die generelle Kooperations- und Folgebereitschaft kann gefährdet werden. Gerade als Kleinhundbesitzer sollte man sich daher genau überlegen, ob man **PLATZ** in dieser anspruchsvollen Form benötigt und wünscht, was vor allem für die bereits berühmt-berüchtigten Arbeitshunderassen unbedingt zu empfehlen ist. Einen kooperativen und wenig expansionswilligen Kleinhund wird man auch ohne **PLATZ**, dafür aber unter Beachtung aller anderen strukturfördernden Erziehungs- und Kommunikationsregeln, zu einem angenehmen Zeitgenossen erziehen können. Möchte man das **PLATZ UND BLEIB** ein ganzes Hundeleben lang aufrechterhalten, so wird man es auch ebenso lang konsequent und regelmäßig anwenden müssen.

LAUF mit deutlicher Körpersprache.

Kurz gefasst
PLATZ

Auch bei der Etablierung des PLATZ sollte man sich an kleinschrittigen Lernzielen orientieren. Möchte man auf Dauer ein zuverlässiges Liegenbleiben erreichen, so sollte man zuvor – je nach Hundeindividuum und eigener Persönlichkeit – abwägen, ob man diesen anspruchsvollen Weg einschlagen möchte und muss.

Leinenführigkeit und Fuß-Training

Unter Leinenführigkeit wird gemeinhin ein halbwegs ordentliches „Laufen" des angeleinten Hundes an der Seite des Menschen ohne übermäßiges Ziehen in jedwede Richtung verstanden. **FUSS** hingegen meint in der Regel ein eher sportliches, korrektes und dem menschlichen Tempo völlig angepasstes Laufen nah am Bein des Besitzers. Den meisten Hundebesitzern, zumal mit Kleinhunden, reicht Erstgenanntes in der Regel ganz und gar aus, weswegen wir an dieser Stelle der „Leinenführigkeit" größeren Raum schenken möchten. Klassisches **FUSS**-Training ist für den Kleinhund schwierig: Instinktiv hält nämlich ein kleiner Hund einen größeren Sicherheitsabstand zum Bein seines Menschen ein. Soll er beim **FUSS**-Laufen, wie gefordert, auch noch seinen Besitzer anschauen, so muss er, um Blickkontakt herzustellen, ebenfalls seitlich ein Stück weit von ihm entfernt laufen. Den sportlichen und ehrgeizigeren Hundefreunden, die auf ein **FUSS**-Training nicht verzichten möchten, sei daher mit ihren Kleinhunden ein sogenanntes „Target-Stick-Training" empfohlen, bei dem der Hund zunächst lernt, mit der Nase einem Stab zu folgen, was belohnt und schließlich mit dem Hörzeichen **FUSS** verbunden

Leinenziehen kann auch bei kleineren Hunden problematisch und unangenehm werden.

wird. Bei der Kombination „Motivierter Hund – Fleißiger Mensch" kann man mit dieser Alternativmethode beachtliche Erfolge beim **FUSS**-Training" erzielen. (Aus Platzgründen müssen wir hier auf entsprechende Literatur zum Thema verweisen, wie zum Beispiel unser Buch „Erziehungsspiele für Hunde", siehe Zum Weiterlesen.) Beim Kleinhund wird das Thema „Leinenführigkeit" aus nachvollziehbaren Gründen oft zunächst nicht ernst genommen: Es stört einfach kaum, wenn ein Kleinhundwelpe oder -junghund an der Leine zieht. Ist der Kleinhund dann ausgewachsen und wiegt mehrere Kilo, so empfindet man das Leinenziehen in der Regel aber doch als recht unangenehm, einmal abgesehen davon, dass auch ein stramm an der Leine ziehender ausgewachsener Kleinhund weder seiner eigenen noch der Gesundheit seines Menschen zuträglich ist. Was also ist zu tun?

**Umweltsoziali-
sation und
Leinenführigkeit**

Solange man noch einen jungen Kleinhund und damit das Glück
hat, auf die Umweltsozialisation des Tieres entscheidend einwirken
zu können, empfehlen sich möglichst täglich kurze Gänge an der
Leine, zehn Minuten reichen aus, an verkehrsreichen Straßen, im
Stadtinneren sowie an anderen reizstarken Plätzen. (Wie bereits an
früherer Stelle erwähnt, muss natürlich darauf geachtet werden,
dass der Kleinhund innerhalb von Menschenansammlungen nicht
gefährdet wird.) Leider ist der Zusammenhang zwischen einer sorgfältigen Umweltsozialisation und dem Ziehen an der Leine vielen
Hundefreunden nicht bekannt, und sie verlieren während der ersten
vier Lebensmonate wichtige, nicht mehr aufzuholende Zeit. Viele
Hunde nämlich ziehen an entsprechenden Orten deswegen stark an

der Leine, weil sie mit der Vielzahl der einströmenden und unge-
wohnten Reize überfordert sind. Sei es der Drang, einer Angst ein-
flößenden Situation zu entkommen, sei es das Bedürfnis, möglichst
jeden der aufregenden neuen Gerüche und Eindrücke mitnehmen
zu wollen: Das Ergebnis ist ein leinenziehender Hund, der all diesen
Eindrücken völlig gelassen gegenüberstehen könnte, wenn er sie
nur in seiner Sozialisationsphase mit gezielter Regelmäßigkeit erlebt
hätte.

Je besser die
Umweltsozialisa-
tion, desto leichter
fällt das ordentliche
Laufen an der Leine.

Neben der frühzeitigen Gewöhnung an Umweltreize jedoch gibt es
eine Reihe Maßnahmen, die jeder Kleinhundbesitzer ergreifen kann,
um einen leidlich leinenführigen Hund zu bekommen. Dazu sollte
jedem zunächst folgendes Prinzip unbedingt geläufig sein:
Ein leinenziehender Hund erfährt mit jedem Schritt, den er vor-
wärtskommt, dass sein Verhalten – aus seiner Sicht – richtig ist!

Erstaunlich viele Kleinhunde haben Spaß am Fußtraining mit Leckerchen.

Er zieht an der Leine, um (schneller) voranzukommen; dass diese Strategie tagtäglich für ihn zum Erfolg führt, ist der größte Hemmschuh auf dem Weg zum nicht ziehenden Hund. Der leinenziehende Kleinhund sollte – egal in welchem Alter – im Alltag so wenig Gelegenheit wie möglich haben, mit dem Ziehen an der Leine erfolgreich zu sein. Daher empfiehlt es sich, bis zur Etablierung einer akzeptablen Leinenführigkeit, den Hund auf kurzen Strecken, die ihn besonders zum Ziehen verleiten, zu tragen. Achten Sie jedoch unbedingt darauf, dass er vor dem Absetzen einen Moment völlige Ruhe hält, damit nicht wiederum unerwünschtes Verhalten, diesmal an anderer Stelle, verstärkt wird.

Zusätzlich sollten die folgenden zwei Varianten im Alltag Anwendung finden. Wichtig ist dabei, bereits leichte Ansätze des Ziehens zu ahnden.

Möglichkeit 1: Stehenbleiben

Um den oben geschilderten Teufelskreis zu durchbrechen, soll durch das Stehenbleiben verhindert werden, dass der Hund das Ziehen an der Leine deswegen für Erfolg versprechend hält, weil sein Mensch – und somit auch er selbst – weiterläuft. Daher gilt es, sobald sich die Leine anspannt, abrupt und ohne Worte stehen zu bleiben und abzuwarten. Lockert der Hund die Leine wieder, so kann unmittelbar weitergelaufen werden, und das Tier lernt, dass das Nicht-Ziehen es weiterbringt. Diese Strategie ist äußerst erfolgreich, doch kann es natürlich recht lange dauern, bis man von A nach B gelangt. Besonders eignet sie sich für sensible, leichtführige Kleinhunde oder für Situationen, in denen der Erregungszustand des Hundes nicht allzu hoch ist.

Möglichkeit 2: Kehrtwendung

Auch diese Möglichkeit ist bei konsequentem Einsatz sehr effektiv. Sobald der Hund die Leine (leicht!) anspannt, schlägt man wortlos eine Kehrtwendung ein und läuft kurz in die entgegengesetzte

Richtung. Lockert der Hund die Leine, kann man erneut umdrehen und den ursprünglichen Weg fortsetzen. Auch dabei kann auf ein Hörzeichen verzichtet werden. So lernt der Hund, dass er mit dem Ziehen das komplette Gegenteil von dem erreicht, was er sich in den Kopf gesetzt hat: Er kann seinen Weg nicht fortsetzen, sondern muss, sobald er zieht, eine ganz andere Richtung einschlagen. Es ist darauf zu achten, dass der kleine Hund bei der Wendung keinen Ruck erhält, sondern lediglich konsequent mitgeführt wird. Diese zweite Variante kann übrigens durchaus mit der ersten vermischt werden: Wichtig insgesamt ist lediglich, dass das Tier mit dem Leinenziehen ganz allgemein so wenig Erfolg wie möglich hat.

Variante für sportliche Menschen:

Verhindern des Ziehens durch Ablenken mit Leckerchen

Diese Möglichkeit ist zwar sehr effektiv, doch realistischerweise nicht für jeden Kleinhundbesitzer geeignet, da man sich hier häufig wird bücken müssen. Es geht nämlich darum, den Moment abzupassen, bevor sich die Leine anspannt und der Hund zu ziehen beginnt. Greifbar müssen hier stets (am besten in einem Bauch- oder am Hosenbund befestigten Futterbeutel) eine Handvoll kleinster Leckerchen sein. Dabei muss der Hund, eben just bevor sich die Leine anspannt, mit einem freudigen **GUCK MAL** abgelenkt und somit vom Ziehen abgehalten werden. Das Leckerchen erhält er, sobald er Blickkontakt aufnimmt. Diese Variante ist nicht ohne Tücken: Macht man den Hund erst dann auf sich aufmerksam, um ihm ein Häppchen zu geben, wenn sich die Leine bereits angespannt hat, belohnt man ungewollt das Ziehen an der Leine! Somit benötigt man neben der körperlichen Fitness noch

ein gutes Auge für das richtige Timing. Dennoch kann auch diese Methode für den ein oder anderen gut geeignet sein, sie darf außerdem durchaus rein situationsgebunden und auch vermischt mit den bereits genannten Methoden angewandt werden.

Was noch getan werden kann

Da bei Kleinhunden das Bewegungsbedürfnis häufig unterschätzt wird, kann eine fehlende Auslastung in körperlicher sowie geistiger Hinsicht eine mangelhafte Leinenführigkeit bewirken und umgekehrt – durch eine schrittweise Auslastungserhöhung – das Ziehen an der Leine bedeutend vermindert werden. Bei manchen Hunden lohnt es sich, ein gut sitzendes Brustgeschirr auszuprobieren; vor allem auf unsichere Hunde hat dies oft eine beruhigende Wirkung und sie ziehen weniger, andere hingegen legen sich damit erst so richtig ins Zeug, ein Versuch aber lohnt sich allemal. Bei den etwas kräftigeren Kleinhunden kann auch der Einsatz eines Kopfhalfters (Halti) sehr hilfreich sein. Anders als beim Brustgeschirr bedarf es hier jedoch einer sorgfältigen Gewöhnung, man kann es nicht wie ein Halsband einfach um das Tier legen und loslaufen. Daher sollte man sich durch entsprechende Literatur ausführlich über Gewöhnung und Einsatz informieren lassen (siehe „Kosmos-Erziehungsprogramm für Hunde") oder einen erfahrenen Verhaltenstrainer hinzuziehen. Bei einem kurzen Plausch mit dem Nachbarn o. Ä., bei dem man stehen zu bleiben wünscht, hat es sich bewährt, den Fuß auf die Leine zu stellen, damit der Hund keine Gelegenheit bekommt, durch Ziehen den Standort seines Menschen zu manipulieren. Ebenfalls empfehlenswert sind tägliche kurze (einige Minuten), aber flotte Geh-Einheiten mit dem angeleinten Hund, bei denen das Tier

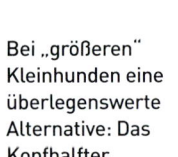

Bei „größeren" Kleinhunden eine überlegenswerte Alternative: Das Kopfhalfter.

Kurz gefasst
Leinenführigkeit für Kleinhunde

Um das Leinenziehen des Kleinhundes in allgemein verträgliche
Bahnen zu lenken, kann man alle
genannten Maßnahmen durchaus
parallel anwenden. Insgesamt muss
lediglich darauf geachtet werden,
dass der Hund im Alltag mit dem
Ziehen so wenig Erfolg wie möglich
hat. Doch auch die Haltung des Tieres sollte man kritisch prüfen: Wird
der Hund körperlich und geistig
genügend gefordert?

Der Fuß auf der
Leine verhindert
beim Stehenblei-
ben Leinenziehen,
Hochspringen und
Kuddelmuddel mit
anderen angeleinten
Hunden.

erlebt, dass der Mensch Tempo sowie Richtung an der Leine vorgibt
und außerdem keineswegs immer stehen bleibt, wenn dem Hund
gerade danach ist. Da ein flott gehender Mensch dem Tempo des tra-
benden Kleinhundes – anders als bei größeren Hunden – in etwa
entspricht, kann der Kleinhund bei regelmäßiger Anwendung lernen, dass an der Leine auch Anpassung gefragt ist. Dabei kann man
übrigens das folgsame Mitlaufen auf Höhe des Menschen durchaus
mit einem Hörzeichen wie **BEI** o. Ä. verbinden, sollte dieses aber
immer mit einem Freizeichen wie **LAUF** abbrechen, sobald es nicht
mehr vonnöten ist.

**„Aber die Roll-
Leine ist doch so
praktisch!"**

Bei Kleinhundbesitzern ist sie besonders beliebt: die Roll-Leine, mit
der das Tier seinen Radius beliebig erweitern kann. Leider jedoch ist
gerade das mit Blick auf die Leinenführigkeit ein großes Manko,
denn hier wird das Prinzip „Schneller und weiter vorwärtskommen
durch Leinenziehen" geradezu zum System gemacht. Daher sollte,
sofern man sich einen leinenführigen Kleinhund wünscht, von der
Roll-Leine generell Abstand genommen werden. Doch die Roll-Leine
birgt noch weitere, wesentlich fatalere Gefahren. Die Feststelltaste
löst sich oft im unpassendsten Moment und das Tier kann unge-
bremst auf die Straße laufen. Eine unserer Kundinnen traf es besonders schlimm. Als sie mit ihrem Kleinhundwelpen an einer belebten
Straße entlanglief, fuhr ein schwerer Lkw an ihr vorbei. Die Feststelltaste musste sich unbemerkt gelöst haben; der Fahrtwind zog
das leichte Tier unter die Räder, es war sofort tot.

Kommen auf Zuruf

In der Regel machen die meisten Hunde leider sehr schnell die
Erfahrung, selbst zu entscheiden, ob man auf Zuruf des Menschen
kommen möchte oder nicht. Der Grund dafür ist, dass man vergeb-
liche, also nicht befolgte Hörzeichen oft bagatellisiert und nicht
erkennt, dass der Hund immer lernt, und sei es eben, nicht zu kommen, wenn gerufen wird. Daher sollten, sofern man zuverlässiges
Herankommen anstrebt, zunächst einmal alle Situationen, in denen
der Hund vergeblich gerufen wird, komplett vermieden werden und
stattdessen ein konsequentes Einüben des Herankommens auf Hörzeichen in jeden (!) der täglichen Spaziergänge integriert werden.
Als Ausstattung benötigt man eine etwa fünf bis zehn Meter lange,
dünne Schleppleine und einen Beutel voll kleiner Leckerchen. Die
Schleppleine ist unbedingt erforderlich, wenn man vermeiden möchte, dass der Hund auch weiterhin frei entscheidet, ob er auf Zuruf
reagieren möchte oder nicht; erst die lange Leine verhindert vergeb-
liches Rufen. Die nun beschriebenen Übungen sind für Kleinhunde
aller Altersstufen geeignet, lediglich die Dauer der Spaziergänge mit
langer Leine und die Häufigkeit der dort durchgeführten Übungen
muss an das Alter und die damit verbundene Konzentrationsfähig-
keit angepasst werden. Ausgehend von Zehn-Minuten-Spazier-
gängen im Alter von acht Wochen kann man die zeitliche Dauer des
Spaziergangs pro Lebensmonat beim Kleinhund um etwa fünf bis
zehn Minuten erhöhen. Die genannte Häufigkeit der Übungen auf

jedem Spaziergang sind Durchschnittsrichtwerte. Wichtig ist in erster Linie, dass der Hund die jeweils letzte **KOMM**-Übung noch freudig mitgemacht hat und keinen Überdruss entwickelt.

Lernziel 1

Der Hund bleibt in einem klar umrissenen Radius, läuft nicht weg und lernt, sich ohne Worte an seinem Besitzer zu orientieren. Er vollzieht eigeninitiativ alle Richtungsänderungen des Menschen mit. Der Mensch gewinnt Souveränität, indem er lernt, dass sein Hund sich an ihm orientiert.

So wird's gemacht

Zunächst sollten ab sofort alle Spaziergänge (Ausnahmen stellen lediglich Gänge an der kurzen Leine dar) in sogenannte Lern- und Orientierungsspaziergänge umgewandelt werden. Das bedeutet ganz konkret: keine Spaziergänge ohne Schleppleine in den nächsten Wochen (je nach Übungseifer) bis zur Einstellung des gewünschten Ergebnisses. Einige Hundefreunde nehmen sich auf einzelnen Spaziergängen oft sehr viel Zeit für alle Übungen und entwickeln echten Ehrgeiz, lassen das Tier bei einem der nächsten Gänge aber wieder frei laufen und somit auch frei entscheiden. Leider führt dies in aller Regel nicht einmal zu einem bescheidenen Erfolg. Handelt der Mensch hier also inkonsequent, in dem er „mal so, mal so" verfährt, ist ein Hund, der konsequent und zuverlässig kommt, einfach nicht drin. Dies sollte man sich unbedingt klarmachen, bevor man – bei Kleinhunden sehr beliebt – den Dickkopf des Hundes für das „Nicht-

folgen" verantwortlich macht.
In den ersten ein bis zwei Wochen (je nach Erfolg) nun sollte man mit der langen Leine in der Hand stumme Spaziergänge mit dem Hund unternehmen, bei denen möglichst häufig unvermittelt, ankündigungs- und wortlos die Richtung gewechselt wird. Es empfiehlt sich hierbei zunächst unbedingt eine ablenkungsarme, ruhige Umgebung; in der Regel ist es sehr lohnenswert, dabei so häufig wie möglich fremde oder relativ fremde Gebiete aufzusuchen.
Ziel nun ist es, dass der Hund in diesem ersten Schritt ganz ohne jegliches Rufen lernt, immer mit

Zu Beginn sollte die Schleppleine in der Hand bleiben.

einem Auge und Ohr bei seinem Menschen zu sein, und zwar aus eigener Initiative ohne ständige Standortmeldung seines Zweibeiners. An der Leine soll nie geruckt werden; möchten Sie die Laufrichtung ändern, so drehen Sie sich um, laufen gemessenen Schrittes weiter und führen den Hund mit sich. Durch die Länge der Leine hat er ausreichend Zeit zu erkennen, dass eine andere Richtung eingeschlagen wurde, und sich entsprechend zu orientieren. Strahlen Sie dabei durch Ihre Körperhaltung so viel Selbstverständlichkeit und Souveränität wie möglich aus, ein zögerlicher und körpersprachlich eher bittender Richtungswechsel wird auch einen entsprechend zögerlich folgenden Hund nach sich ziehen. Im Verlauf der nächsten Wochen sollte mindestens ein Mal, besser jedoch zwei bis drei Mal (je nach freier Zeit) ein altersangepasster Orientierungsspaziergang von etwa 15 bis 45 Minuten in möglichst fremder und ablenkungsarmer Umgebung an der langen Leine vorgenommen werden. Die Richtungswechsel sollten dabei im Verlauf eines etwa 15-minütigen Ganges mindestens zehn Mal durchgeführt werden. Sobald der Hund alle Richtungswechsel ohne Ablenkung gut mitvollzieht, dürfen auch Richtungswechsel unter leichter Ablenkung eingebaut werden. Ein leichter bis mittlerer Ablenkungsreiz kann etwa ein Spaziergänger am Horizont oder ein interessanter Geruch am Wegesrand sein, mit dem das Tier gerade beschäftigt ist. Es sollte jedoch darauf geachtet werden, nicht immer dann die Richtung zu ändern, wenn gerade etwas anderes die Aufmerksamkeit des Hundes in Anspruch nimmt. Sollte der Hund in dieser Phase an das Ende der Leine rennen,

Stumme Richtungs-wechsel erhöhen die Aufmerksamkeit des Hundes ganz enorm!

so bleiben Sie ruhig und konsequent mit der Leine in der Hand stehen und laufen erst dann – am besten in die entgegengesetzte Richtung – weiter, wenn er nachgibt und die Leine lockert. Bei sehr temperamentvollen Kleinhunden kann dies unter Umständen häufiger nötig sein.

Tipp
Wenn Sie einmal keine Lust haben ...

Sollte Ihnen einmal Zeit und Lust fehlen, einen jeden Spaziergang in einen Erziehungsspaziergang zu verwandeln, so sollten Sie dennoch aus genannten Gründen darauf verzichten, den Hund frei laufen zu lassen. Nehmen Sie ihn an die kurze Führleine, damit er nicht vergeblich gerufen werden muss, suchen sich eine schöne Umgebung und genießen Ihren gemeinsamen Spaziergang in der Natur.

Lernziel 2

Der Hund lernt die Bedeutung des Wortes **KOMM** sowie die Bedeutung des Wortes **LAUF**. Er orientiert sich auch weiterhin stark an seinem Menschen, ohne dass er gerufen wird. Voraussetzung: Der Hund vollzieht die stummen Richtungswechsel seines Menschen zuverlässig und selbstverständlich mit.

So wird's gemacht

Dieser Lernschritt sollte ebenfalls auf ruhigen Spazierwegen ohne Ablenkung – weiterhin mit der Schleppleine in der Hand – vollzogen werden. Damit der Hund lernen kann, was mit dem Hörzeichen **KOMM** (Sie können natürlich auch ein anderes, eventuell weniger vorbelastetes Wort verwenden) überhaupt gemeint ist, gilt es nun, das Laufen zum Menschen mit diesem Wort zu verknüpfen und dem Tier durch Leckerchengabe die Richtigkeit seines Handelns zu

signalisieren. (Das Leckerchen fürs Kommen muss ab sofort ebenso obligatorisch werden wie die konsequente Anwendung der Schleppleine!) Konkret sollten die Richtungswechsel in dieser Phase nun nicht mehr ausschließlich stumm vorgenommen werden. Sobald Sie die Richtung ändern und bemerken (in dieser Lernphase nicht früher!), dass der Hund in der gewünschten Weise hinter Ihnen herläuft, rufen Sie ihn mit möglichst freudiger Stimme, unterstützen seine Bewegung auf Sie zu durch beständiges Loben und gehen in die Hocke. Man sollte – um die Zwei-Sekunden-Regel nicht zu verletzen – nicht erst nach der Belohnung „kramen", wenn der Hund bereits angekommen ist. Besser ist es, das Leckerchen schon parat zu haben, während gerufen wird. Der Empfang sollte außerdem tatsächliche, stimmliche Begeisterung zum Ausdruck bringen. Das Leckerchen erhält der Hund, sobald er ganz nah bei Ihnen angekommen ist, sodass Sie, während er seinen Belohnungshappen erhält, gleichzeitig an sein Halsband oder Geschirr greifen können, ohne dabei die Hand ausstrecken zu müssen. Dadurch schlagen Sie zwei Fliegen mit einer Klappe: Zum einen bereiten Sie den Hund darauf vor, dass auch Hörzeichen **LAUF** von Bedeutung ist und erst dann weitergelaufen werden darf, wenn er nach einem kurzen Moment der Ruhe mit Freizeichen **LAUF** losgelassen wird, was für den Alltag äußerst praktisch ist. Zum anderen wird der Griff zum Halsband, den Hunde oft als unange-

Zeigen Sie dem Hund Ihre Begeisterung über sein Kommen ganz deutlich!

nehm empfinden, durch die gleichzeitige Leckerchengabe positiv besetzt, und das Tier wird ihn bei konsequenter Anwendung nicht (mehr) als negativ einstufen. Das Rufen innerhalb der Richtungswechsel sollte auf einem ca. 20-minütigen Spaziergang etwa zehn Mal vorgenommen werden, bei längeren Spaziergängen und sehr motivierten Hunden darf die Häufigkeit noch leicht erhöht werden, aber auch hier gilt: Nie bis zum Überdruss, das letzte **KOMM** muss immer noch freudig ausgeführt werden. Mehrere kürzere Gänge mit Übungen über den ganzen Tag verteilt sind übrigens sinnvoller als ein langer Spaziergang mit Erziehungscharakter, bei dem man es unter Umständen übertreibt. Doch Sie werden bereits nach wenigen Übungstagen merken, wie viel **KOMM**-Übungen Sie Ihrem Hund zumuten können, ohne Gefahr zu laufen, dass er die Lust verliert. Die stummen Richtungswechsel übrigens sollten auch weiterhin nicht vernachlässigt werden.

Lernziel 3

Der Hund reagiert auf Hörzeichen **KOMM** ohne oder mit geringer Ablenkung zuverlässig und schnell. Er hält den Zehn-Meter-Radius der Leine immer zuverlässiger ein und achtet dabei eigeninitiativ immer besser auf seinen Menschen. Voraussetzung: Lernziel 2 ist in vollem Umfang erreicht. Das **KOMM** innerhalb des Richtungswechsels klappt gut bis sehr gut.

So wird's gemacht

Nun soll der Hund lernen – nach wie vor mit langer Leine in der Hand und Leckerchen –, dass **KOMM** einen verbindlichen Charakter besitzt und er, sobald gerufen wird, schnell zu seinem Menschen kommen soll. Um dieses Ziel zu erreichen, sollte der Hund nun auf jedem Erziehungsspaziergang auch mehrmals ganz unvermittelt – ohne Richtungswechsel – gerufen werden, jedoch zunächst ohne dass er gerade durch irgendetwas abgelenkt ist. Sobald er sich in Bewegung setzt, muss eine freudige Unterstützung mit der Stimme erfolgen mit anschließender Belohnung durch das Leckerchen beim Menschen. Stumme Richtungswechsel und solche mit Rufen und Belohnung sollten auch auf dieser Lernetappe weiterhin vorgenommen und mit dem neu eingeführten unvermittelten Rufen variiert werden. Reagiert der Hund nun auf das (erstmalige!) Rufen nicht mit der gewünschten Handlung, so bewegen Sie sich mit flottem Schritt von ihm weg und rufen erst dann erneut, wenn er sich tatsächlich auf den Weg zu Ihnen gemacht hat. Lassen Sie sich nicht dazu verleiten, mehrmals zu rufen und dabei untätig abzuwarten, was passiert, denn sonst wird es erneut der Hund sein, der entscheidet, ob und wann er kommen möchte. Durch die Leine sitzen Sie am längeren Hebel, und der Hund hat durch die vielen stummen

Hier wird der Hund bereits unter leichter Ablenkung aufgefordert zu kommen und entsprechend belohnt.

Richtungswechsel bereits gelernt, dass er Ihnen folgen muss, sobald Sie sich von ihm wegbewegen. Sobald der Hund nun beginnt, auf Sie zuzulaufen, ist wieder eine freudige Stimmungsübertragung gefragt: Starten Sie sofort mit freudigem Lob, damit das Tier erkennen kann, dass die gerade von ihm gezeigte Handlung die richtige und auch gewünschte ist. Und auch wenn etwas Nachhilfe nötig war, der Belohnungshappen darf trotzdem nicht ausbleiben. Bei einem etwa 20- bis 30-minütigen Spaziergang sollte neben mindestens zehn stummen Richtungswechseln auch etwa zehn Mal **KOMM** geübt werden.

Dabei kann sich das Rufen innerhalb des Richtungswechsels (siehe Lernziel 2) mit dem unvermittelten Rufen (Lernziel 3) abwechseln. Wiederum empfehlen sich zwei bis drei kürzere Erziehungsspaziergänge am Tag statt eines langen.

Lernziel 4

Der Hund kommt auch unter langsam steigender Ablenkung auf Zuruf und vollzieht alle stummen Richtungswechsel bereitwillig und gerne mit. Voraussetzung: Lernziel 3 ist in vollem Umfang erreicht.

So wird's gemacht

Nun sollen die Anforderungen an den Hund beim Kommen auf Zuruf langsam und schrittweise erhöht werden. Dabei darf man die bisherige Vorgehensweise jedoch keineswegs über Bord werfen, sondern muss das unvermittelte Rufen – zunächst unter leichter Ablenkung – zusätzlich integrieren. Warum? Viele Hunde, die in der

Lernphase nur oder sehr häufig gerufen werden, wenn am Horizont etwas Interessantes auftaucht, verknüpfen **KOMM** falsch und neigen dazu, sich auf das Hörzeichen hin erst einmal gründlich nach allen Seiten umzusehen, anstatt schnell zum Menschen zu laufen. So gilt es nun also die richtige Mischung zwischen Rufen während des Richtungswechsels und unvermitteltem Rufen ohne sowie mit leichter Ablenkung vorzunehmen. Die sonstige Vorgehensweise bleibt dieselbe: lange Leine in der Hand, freudige Stimmungsübertragung auf den Hund während des Herankommens und in jedem Fall Belohnung durch Leckerchen. Als leichte Ablenkungsreize können auch hier Spaziergänger in einiger Entfernung und geruchliche Ablenkungen am Wegesrand genutzt werden. Sollte der Hund das erste Hörzeichen „überhören", so gilt ebenfalls die bereits bekannte Vorgehensweise: Entfernen Sie sich mit der Leine in der Hand vom Hund weg und rufen erst dann erneut, wenn er die gewünschte Reaktion zeigt. Sollte an dieser Stelle jedoch zu häufig „Nachhilfe" nötig sein, so muss zu Lernschritt 2 oder 3 zurückgegangen werden und wieder verstärkt Rufen innerhalb von Richtungswechseln geübt werden. Auch innerhalb dieser Phase müssen alle Spaziergänge weiterhin als Erziehungsspaziergänge begriffen werden, auf denen mindestens zehn Mal erfolgreich gerufen sowie immer mal wieder ankündigungslos die Richtung gewechselt werden sollte. Sind Sie mit dem Rufen unter leichter Ablenkung erfolgreich, können und sollten Sie wohldosiert auch schwierigere Reize nutzen, um das Kommen zu trainieren. Was dabei einen mittleren oder schwierigeren Reiz darstellt, muss man am eigenen Hundeindividuum festmachen und entsprechend schrittweise abstimmen. Der eine Hund empfindet andere Vierbeiner auf Entfernung als große, der andere lediglich als mittlere Ablenkung, für einen zweiten sind womöglich Passanten, Jogger, Radfahrer einsetzbare Ablenkungsreize. (Bitte immer darauf achten, diese für das Rufen nur auf große Entfernungen als Ablenkungsreize einzusetzen, damit niemand durch die lange Leine gefährdet wird!) Haben Sie diese Stufe erfolgreich gemeistert, können Sie immer öfter dazu übergehen, die Leine aus der Hand fallen und gänzlich über den Boden schleifen zu lassen. Seien Sie beim Rufen jedoch immer auf der Hut und vor allem in der Nähe des Leinenendes: So ist gewährleistet, dass die Leine – sofern der Hund das Rufen ignoriert – sofort aufgenommen werden und das Kommen durch Weggehen vom Hund doch noch durchgesetzt werden kann. Übrigens sollte immer noch jedes Kommen mit Leckerchen belohnt werden. Der richtige Zeitpunkt, die Leckerchen

Kurz gefasst
Kommen auf Zuruf

Durch systematische Orientierungs- und KOMM-Übungen an der Schleppleine kann nicht nur erreicht werden, dass der Hund kommt, wenn er gerufen wird. Es wird auch vermieden, dass er lernt, das Rufen seines Menschen zu ignorieren. Fleiß, Konsequenz sowie eine schrittweise Erhöhung der Anforderungen sind unverzichtbare Begleiter auf dem Weg zum Erfolg.

auszudünnen (Bitte nicht ganz abbauen, sondern durch variable Belohnung eine beständige Erwartungshaltung aufbauen!), ist gekommen, wenn Sie mit dem Herankommen in allen Situationen des Alltags rundherum zufrieden sind, womit indirekt auch schon die spannende Frage beantwortet wäre, ab wann auf die Schleppleine verzichtet werden kann. Die lange Leine sollte jedoch nicht von heute auf morgen weglassen, sondern meterweise gekürzt werden, da viele Hunde, die auf diese Weise das Kommen gelernt haben, die konsequente Kontrolle des Menschen damit verbinden, dass etwas an ihrem Halsband baumelt.

Die Handhabung der Schleppleine bei plötzlichen Ablenkungsreizen

Arbeitet man mit der Schleppleine, so müssen vor allem hinsichtlich plötzlich auftauchender Ablenkungsreize einige Sicherheitshinweise beachtet werden. Nähern sich Jogger, Radfahrer oder Passanten, so sollte man die Leine etwa einen Meter hinter dem Halsband des Hundes aufnehmen und das Tier ohne großen Aufhebens vorbeiführen. Ebenso kann man – das empfiehlt sich vor allem, wenn der Hund erregt ist – direkt neben ihm auf die lange Leine treten, damit er geduldig warten muss, bis Spaziergänger u. Ä. passiert haben und nicht durch die Schleppleine gefährdet werden können. Ebenso sollte man unbedingt bei angeleinten fremden Hunden verfahren; es hat in der Regel einen guten Grund, wenn Vierbeiner an der Leine geführt werden, und nicht immer ist eine Kontaktaufnahme erwünscht und anzuraten. Bei Hunden, die schon **SITZ UND BLEIB** unter Ablenkung beherrschen, kann auch dieses Anwendung finden, allerdings nur, wenn es nicht vergeblich gegeben werden muss, weil der Ablenkungsreiz für das Tier (noch) zu stark ist und gute Aussichten bestehen, dass der Hund solange sitzen bleibt, bis **LAUF** ertönt, oder sich zumindest gut mit **NEIN** und erneutem Hörzeichen **SITZ** korrigieren lässt. Begegnen Ihnen frei laufende Hunde, so sollten Sie immer darauf achten, dass die Leine nicht angespannt ist, am besten lassen Sie das Leinenende in einer solchen Situation gänzlich fallen. Es ist in der Regel auch beim Spielen kein Problem, wenn einer der Hunde eine lange Leine trägt. Sollten Sie den Hund hier ausnahmsweise ableinen wollen, so achten Sie bitte unbedingt darauf, nicht zu rufen, wenn Sie schließlich weiterlaufen möchten. Die Gefahr, dass der Hund lernt, in einer schwierigen Situation Ignoranz zeigen zu können, ist zu groß. Gehen Sie in

Der Fuß auf der Schleppleine verhindert ohne jegliche Worte, dass der Hund auf Passanten, andere Hunde usw. zuläuft.

einem ruhigen Moment ganz gelassen auf ihn zu, leinen ihn an, und weiter geht's in die von Ihnen bestimmte Richtung. Bei kräftigeren, temperamentvollen Kleinhunden kann es innerhalb der Schlepp- leinenarbeit nützlich sein, Fahrradhandschuhe zu tragen. So bleiben die Hände des Menschen auch dann unversehrt, wenn der Hund sich einmal vergisst und unvermittelt an der langen Leine zieht.

Hilfe! Mein „Kleiner" jagt!

Nennt man einen jagenden Kleinhund sein Eigen – und hier ist es zunächst einmal unerheblich, ob es sich bei den „Opfern" um Wild- tiere, Jogger oder Radfahrer handelt, so muss man sich in einem ersten Schritt durch strukturfördernde Erziehungsmaßnahmen, durch das Setzen von klaren Tabus und Streichung von Privilegien (siehe entsprechende Kapitel) den Respekt des Hundes innerhalb der eigenen vier Wände erarbeiten. Um hier erfolgreich zu sein, muss der grenzziehende Mensch genau an dem Ort, an dem schon rein zeitlich am meisten kommuniziert wird, eine selbstverständliche Angelegenheit werden. Draußen sollte der Freilauf durch konsequen- ten, kontrollierten Freilauf ausschließlich an der Schleppleine mit entsprechendem Training wie erklärt ersetzt werden. Jeder kleinste Ansatz, einem Objekt hinterherzuspringen, muss mit einem deutli- chen NEIN (Etablierung siehe S. 120) sowie dem gleichzeitigen und schnellen Tritt auf die Leine direkt neben dem Hund unterbunden werden. Gleichzeitig sollen dem Hund Alternativen wie Futtersuch- oder Ballspiele geboten werden. Zeigt sich dadurch keinerlei Besse- rung oder fühlt man sich mit der Behebung dieses Problems allein überfordert, so sollte man sich professionelle Hilfe gönnen.

SITZ – PLATZ – FUSS – KOMM.
Zu wenig Erfolg?

Woran es liegen kann: eine Checkliste

Sie haben mit den klassischen Erziehungsübungen für Ihren Geschmack noch zu wenig Erfolg? Da das zuverlässige Befolgen von Hörzeichen eine ganzheitlich und insgesamt strukturfördernde Erziehung voraussetzt, sollten folgende Dinge kritisch geprüft werden:

▸ Erhält der Hund im Alltag für seinen individuellen Charakter zu viele Privilegien und zu wenig Tabus, als dass von einer strukturfördernden und ganzheitlichen Erziehung die Rede sein könnte?

▸ Halten sich alle erwachsenen Hauptbezugspersonen an dieselben Regeln? (Unterschiedliche Idolfunktion kann sich fatal auf die gesamte Erziehungsbereitschaft auswirken!)

▸ Wird für das **KOMM** konsequent mit langer Leine gearbeitet, oder läuft der Hund zwischendrin immer wieder frei und entscheidet selbst über Kommen oder Nichtkommen?

▸ Bekommt der Hund immer wieder Leckerchen einfach so und kann nicht mehr zwischen Belohnung für richtiges Verhalten und selbstverständlicher Zuweisung unterscheiden?

▸ Hat der Hund sein tägliches Futter, noch dazu deliziöses, zur freien Verfügung und somit keinerlei Veranlassung, sich für ein Leckerchen anzustrengen?

▸ Werden die Übungsleckerchen konsequent von der täglichen Futterration abgezogen, oder ist der Hund mit Futter überversorgt und strengt sich deswegen nicht genügend an? (Achtung, das kann bei Kleinhunden durchaus bedeuten, die ein oder andere Mahlzeit ausfallen lassen zu müssen, weil der Hund die nötige Futtermenge schon als Belohnung aus der Hand bekommt!)

▸ Sind die Belohnungsleckerchen attraktiv genug?

▸ Sind die Belohnungshäppchen auch klein genug oder gar so groß, dass der Kleinhund nach wenigen Wiederholungen schlicht satt ist?

▸ Ist der Hund eventuell zu müde, wenn geübt wird, oder hat gar gerade erst gefressen?

▸ Wird zu viel oder zu wenig geübt?

▸ Wird eventuell zu schematisch geübt und belohnt? (Belohnen Sie je nach Individuum auch mal mit Ballspielen, Futtersuchspielen usw.)

Auch unter Kleinhunden ist „Jagdfieber" verbreitet! Die Schleppleine ist hier ein sinnvolles Hilfsmittel.

Service

Kontakt

Aschaffenburger Hundeschule

Die Aschaffenburger Hundeschule
Petra Führmann und Iris Franzke GbR
Würzburger Straße 89
63743 Aschaffenburg
Tel.: 06021-20156
Fax: 06021-219194
info@hundeschule-ab.de
www.hundeschule-ab.de

Wenn Sie ein Problem mit Ihrem Hund haben, können Sie sich
gerne an uns wenden. Bitte bedenken Sie, dass wir keinerlei Fern-
diagnosen stellen können und dies auch in höchstem Maße unseriös
wäre. Sie können uns aber gerne in unserer Hundeschule besuchen.
(Anfragen bitte per eMail oder mit frankiertem Rückumschlag –
Herzlichen Dank!)

Hundezubehör

Sinnvolles und von uns getestetes Hundezubehör finden Sie in unserem Onlineshop unter www.hundeshop-ab.de

Hundetrainer-Ausbildung

Sie möchten Hundetrainer werden oder sich fortbilden? Infos und
Seminarangebote finden Sie unter www.hundetrainer-werden.de

Die Autorinnen –
von links nach
rechts: Iris Franzke,
Petra Führmann
und Nicole Hoefs

Zum Weiterlesen

Feddersen-Petersen, Dorit Urd: **Hundepsychologie.** Kosmos 2004.

Feddersen-Petersen, Dorit Urd: **Ausdrucksverhalten beim Hund.** Kosmos 2008.

Führmann, Petra und Nicole Hoefs: **Erziehungsspiele für Hunde.** Kosmos 2002.

Führmann, Petra und Iris Franzke: **Erziehungsprobleme beim Hund.** Kosmos 2004.

Führmann, Petra und Iris Franzke: **Zwei Hunde – doppelte Freude.** Kosmos 2005.

Führmann, Petra, Nicole Hoefs und Iris Franzke: **Die Kosmos Welpenschule.** Kosmos 2008.

Hoefs, Nicole und Petra Führmann: **Das Kosmos Erziehungs-programm für Hunde.** Kosmos 2006.

Hoefs, Nicole und Petra Führmann: **Was liest der Hund am Laternenpfahl?** Kosmos 2007.

Lausberg, Frank: **Erste Hilfe für den Hund.** Kosmos 1999.

Niepel, Gabriele: **Kastration beim Hund.** Kosmos 2006.

Nützliche Adressen

Verband für das Deutsche Hundewesen
e. V. (VDH)
Westfalendamm 174
44141 Dortmund
info@vdh.de
www.vdh.de

Österreichischer Kynologenverband (ÖKV)
Sigfried Marcus Strasse 7
2362 Biedermannsdorf
Österreich
office@oekv.at
www.oekv.at

Schweizerische Kynologische Gesellschaft
SKG
Brunnmattstrasse 24
3007 Bern
Schweiz
skg@skg.ch
www.skg.ch

Register

Hundebücher – natürlich von Kosmos

€/D 24,90; €/A 25,60; sFr 44,90
ISBN 978-3-440-11132-1

- Schritt für Schritt zum gut erzogenen Hund – mit einer Vielzahl an praxiserprobten Methoden.

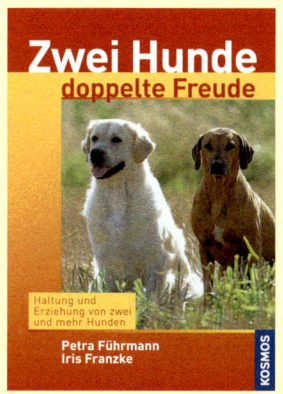

€/D 24,90; €/A 25,60; sFr 44,90
ISBN 978-3-440-09873-8

- Alle Vor- und Nachteile der Mehrhundehaltung und praktische Tipps für ein glückliches Zusammenleben.

€/D 26,90; €/A 27,70; sFr 48,10
ISBN 978-3-440-10638-9

- So erziehen Sie Ihren Hund mit sanften Methoden zu einem gehorsamen und fröhlichen Gefährten.

€/D 22,90; €/A 23,60; sFr 41,60
ISBN 978-3-440-08856-2

- Spielerische Erziehungsübungen – Spielideen für jeden Hund, Tricks und Gruppenspiele.

€/D 22,90; €/A 23,60; sFr 41,60
ISBN 978-3-440-09478-5

- Von A wie Aggression bis Z wie Zerstörungswut – Probleme lösen Schritt für Schritt!

€/D 12,95; €/A 13,40; sFr 24,90
ISBN 978-3-440-11063-8

- Pfiffige Antworten zu kuriosen Fragen – ein echter Lesespaß für Hundefreunde!

www.kosmos.de

KOSMOS

Bildnachweis

Die Farbfotos für dieses Buch wurden von der bekannten Fotografin Verena Scholze / Kosmos extra für dieses Buch angefertigt.

Impressum

Umschlaggestaltung von eStudio Calamar unter Verwendung von Farbfotos von Sabine Stuewer (U1: Cavalier King Charles Spaniel) und Verena Scholze (U4)

Mit 280 Farbfotos

Besonderer Dank an die Züchterin
Annette Ritter
Hemsbach 37
63776 Mömbris
www.ritterfeste.de

Alle Angaben in diesem Buch erfolgen nach bestem Wissen und Gewissen. Sorgfalt bei der Umsetzung ist indes dennoch geboten. Der Verlag und die Autorinnen übernehmen keinerlei Haftung für Personen-, Sach oder Vermögensschäden, die aus der Anwendung der vorgestellten Materialien und Methoden entstehen könnten.

Unser gesamtes lieferbares Programm und viele weitere Informationen zu unseren Büchern, Spielen, Experimentierkästen, DVD, Autoren und Aktivitäten finden Sie unter **www.kosmos.de**

Gedruckt auf chlorfrei gebleichtem Papier

© 2008, Franckh-Kosmos Verlags-GmbH & Co. KG, Stuttgart
Alle Rechte vorbehalten
ISBN 978-3-440-10483-5
Redaktion: Ute-Kristin Schmalfuß
Produktion: Eva Schmidt
Gestaltungskonzept: eStudio Calamar
Gestaltung und Satz: Atelier Krohmer
Printed in Germany / Imprimé en Allemagne